10kV及以下配电网工程项目部标准化管理（2022年版）

监理项目部

国网山东省电力公司　编

中国电力出版社
CHINA ELECTRIC POWER PRESS

内 容 提 要

为总结 10kV 及以下配电网工程业主、监理、施工项目部最新标准化建设及运作经验，国网山东省电力公司依据国家现行法律法规，以及国家、行业和国家电网有限公司规程规范，并结合国家电网有限公司对 10kV 及以下配电网工程项目部标准化管理相关要求，在 2019 年出版的《10kV 及以下配电网工程项目部标准化管理》丛书的基础上，经过广泛征求各单位意见修编完成本丛书。

本丛书分别从项目部设置、项目管理、安全管理、质量管理、造价管理及技术管理等方面进行描述，内容简洁实用、工作流程易于操作。同时，本丛书附录部分收录了业主、监理、施工项目部常用的标准化管理模板和相关专业管理依据。

本丛书可供 10kV 及以下配电网工程业主、监理、施工项目部工作及管理人员使用。

图书在版编目（CIP）数据

10kV 及以下配电网工程项目部标准化管理：2022 年版．监理项目部 / 国网山东省电力公司编．— 北京：中国电力出版社，2022.12（2023.3重印）
ISBN 978-7-5198-6145-2

Ⅰ．①1…　Ⅱ．①国…　Ⅲ．①配电系统—电力工程—监理工作—标准化管理—中国　Ⅳ．①TM7

中国版本图书馆 CIP 数据核字（2022）第 227478 号

出版发行：中国电力出版社
地　　址：北京市东城区北京站西街 19 号（邮政编码 100005）
网　　址：http：//www.cepp.sgcc.com.cn
责任编辑：肖　敏（010-63412363）
责任校对：黄　蓓　马　宁
装帧设计：郝晓燕
责任印制：石　雷

印　　刷：三河市万龙印装有限公司
版　　次：2022 年 12 月第一版
印　　次：2023 年 3 月北京第二次印刷
开　　本：787 毫米 × 1092 毫米　16 开本
印　　张：7
字　　数：170 千字
印　　数：8001—8500 册
定　　价：35.00 元

编委会

主　　任　　刘伟生

副　主　任　　任　杰　　李景华

委　　员　　黄　锐　　赵辰宇　　刘明林　　房　牧　　董　啸

　　　　　　李　强　　任敬飞　　左新斌　　李建修

编写组

主　　编　　黄　锐

副　主　编　　赵辰宇　　董　啸

参编人员　　李　强　　任敬飞　　张延峰　　万福栋　　姜兆庆

　　　　　　刘刚刚　　张　震　　孙永刚　　马　赛　　徐德春

　　　　　　林玉磊　　康志杰　　李恺夕　　程海斌　　崔乐乐

　　　　　　刘军青　　王晓鹏　　杨　栋　　王守礼　　杨　超

　　　　　　徐　辉　　杜汉忠　　李　富　　韩一帆　　李佳萍

　　　　　　韩明明　　朱　强　　王乃德　　于学新　　苏　涛

　　　　　　李　哲　　刘文安　　谢新胜　　杜　琰　　任　波

　　　　　　刘本运　　杜娜娜　　丁晓雨　　邢春凯　　边睿喆

编制说明

《10kV 及以下配电网工程项目部标准化管理（2022 年版）监理项目部》是依据国家现行法律法规，以及国家、行业和国家电网有限公司（简称"国网公司"）规程规范，结合国网公司管理通用制度，在 2019 年出版的《10kV 及以下配电网工程项目部标准化管理　监理项目部》的基础上，总结国网山东省电力公司（简称"国网山东电力"）系统监理项目部标准化建设及运作经验，经过广泛征求各单位意见修编而成。

本书根据 10kV 及以下配电网工程（简称"配电网工程"）建设特点，按照管理内容简单实用、工作流程易于操作的原则进行编制，优化统一了监理项目部管理模式，明确了标准化建设要求。本书主要有四大特点：①进一步总结提炼了配电网监理工作管理经验，根据配电网工程监理服务特点，将监理项目部与业主项目部、施工项目部标准化工作要素紧密结合；②将《国家电网有限公司 10（20）千伏及以下配电网工程监理项目部标准化管理手册》相关内容融合到本书中，并将"国网公司加大安全生产违章惩处力度"的相关要求融合到本书中；③按五大专业管理架构，对相关内容、流程进行优化、完善，突出重要流程和重要控制内容；④将管理资源按照工程实际需求合理配置，突出监理项目部的控制重点。

本书正文主要包括以下两方面内容：

（1）监理项目部设置。明确了监理项目部的定位、组建原则、人员配置、任职资格及条件、设备配置及要求；明确了监理项目部工作职责及各岗位职责，以及监理项目部重点工作与关键管控节点。

（2）专业管理要求。明确了监理项目部项目管理、安全管理、质量管理、造价管理和技术管理五个专业的管理工作内容与方法、管理流程。

1）管理工作内容与方法。明确了监理项目部主要工作内容和基本方法，并标注了完成各项工作所采用标准化管理模板的编号，附录 C 中收录了监理项目部标准化管理模板。

2）管理流程。明确了监理项目部各专业管理重要单项业务的工作流程。

3）管理依据。在附录 B 中标注了监理项目部各项工作所依据的国家、行业、国网公司、国网山东电力的有关法律法规、管理制度、技术标准等。

本书还对有关名词术语进行了统一解释，详见附录 A。

本书相关使用说明如下：

（1）本书工作模板主要规范 10kV 及以下配电网架空线路、电缆线路、开关站、台区等各专业工作管理过程中主要模板的格式、内容，自印发之日起在国网山东电力系统 10kV 及以下配电网建设中统一执行。

（2）工程建设相关的表式分业主、监理、施工三个模板。本书仅针对监理项目部发起并填写的表式进行整理归类，由业主、施工项目部发起并填写的表式参见《10kV 及以下配电网工程项目部建设标准化管理（2022 年版）业主项目部》《10kV 及以下配电网工程项目部建设标准化管理（2022 年版）施工项目部》模板。

（3）监理管理模板代码的命名规则："PJSZ"代表"配电网监理项目部设置"模板；"PJXM"代表"配电网监理项目管理"模板；"PJAQ"代表"配电网监理安全管理"模板；"PJZL"代表"配电网监理质量管理"模板；"PJZJ"代表"配电网监理造价管理"模板；"PJJS"代表"配电网监理技术管理"模板。

（4）监理管理模板的编号原则如下：

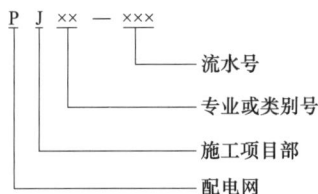

$$PJ\ \times\times - \times\times\times$$

- 流水号
- 专业或类别号
- 施工项目部
- 配电网

1）专业或类别号用来区分不同专业或专项里的同一种资料，用拼音首字母大写表述（如 SZ 代表设置、XM 代表项目、AQ 代表安全、ZL 代表质量等）。

2）流水号用来区分同一类模板，统一用 3 位数字填写，按形成的先后顺序编号，第 1 份为 001，第 2 份为 002，依此类推。

（5）表式内容填写总使用说明。

1）工程名称：以施工图设计文件名为准。

2）管理模板中监理项目部名称以监理项目部公章为准。除按填写、使用说明要求盖公司印章外，其他所有需要盖公章的，一律盖监理项目部公章。报审表中业主项目部审批意见栏经业主项目部项目经理审核签字，加盖业主项目部公章。

3）模板中施工项目部填写内容部分采用打印方式，监理项目部审查意见、业主项目部审查意见采用手写方式。

4）模板中所有姓名、日期的签署采用手写方式。业主、监理项目部审查意见如果在栏内写不下，可附页，并注明"具体意见附后"字样。附页内容采用打印方式，并手写签署姓名、日期，加盖监理项目部公章。

5）监理现场使用管理模板时，不需要打印各模板左上方代码字段和下方的填写、使用说明字段。

6）监理前期策划文件、监理总结等按合同编写；工程过程文件按批复的工程项目分别编写报审。针对工程规模满足创优条件的可针对自身情况单独编写，监理项目部可按实际工作情况编写会议纪要、月报，分别归档。

本书相关内容若与上级最新有关要求和制度相悖，以上级要求和制度为准。

本书自印发之日起执行，原 2019 年版停止使用。

目　录

1 监理项目部设置

1.1 机构组建

1.1.1 定位

监理项目部是工程监理单位派驻工程现场，负责履行建设工程监理合同的组织机构，公平、独立、诚信、科学地开展建设工程监理与相关服务活动，通过审查、见证、旁站、巡视、平行检验、验收等方式方法，实现监理合同约定的各项目标。

1.1.2 组建原则

监理单位应根据监理合同约定的服务内容、服务期限、工程特点、规模、技术复杂程度等因素，在监理合同签订 30 日内成立监理项目部，并将项目部成立及总监理工程师任命书面通知业主项目部。

1.2 资源配置

监理项目部配备满足独立开展监理工作的各类资源（包括办公、交通、通信、检测、个人安全防护用品等设备或工具，以及满足工程需要的法律、法规、规程、规范、技术标准等依据性文件），并在工程建设期间，结合工程实际，合理调整资源配备，满足监理工作需要。

监理单位根据委托监理合同要求和配电网工程点多面广的实际情况，结合国家和行业监理规范的要求，按地市设立监理项目部，所属各县（市、区）设立分支机构，建设管理单位提供办公场所。

1.2.1 人员配置

监理项目部应配备总监理工程师、专业监理工程师、安全监理工程师、造价工程师和信息资料员；对于单一批次投资计划在 2000 万元及以下的县域，现场监理员不应少于 3 人，投资计划每增加 1000 万元，现场监理员应增加 1 人。在施工高峰期或针对特殊工程项目应适当增加专业监理工程师和监理员数量，其中应有 1 名整理档案资料的专业技术人员。监理项目部人员应保持稳定，需调整人员时应书面通知业主项目部和施工项目部。调整关键岗位人员时，应经建设管理单位同意批准。监理项目部人员配置基本要求见表 1–1。

表 1–1　　　　　　　　　　　　　　　监理项目部人员配置基本要求

序号	监理项目部名称	总监理工程师	专业监理工程师	安全监理工程师	监理员	造价工程师	信息资料人员
1	配电网监理项目部	1	1	1	如承担区域现场监理,应按分支机构要求配置	公司统筹安排	1
2	分支机构	—	1	1	单一批次投资计划在 2000 万元及以下的县域,现场监理员不应少于 3 人,投资计划每增加 1000 万元,现场监理员应增加 1 人	公司统筹安排	1

注　1. 总监理工程师不得跨市域担任,安全监理工程师不得兼任其他岗位,造价工程师不得跨市域担任。
　　2. 监理单位应根据工程进展情况及时派驻人员进场。在施工高峰期或针对特殊工程项目应适当增加专业监理工程师和监理员数量。
　　3. 信息资料人员在满足工程信息管理的前提下允许兼职。

1.2.2　任职资格及条件

监理项目部配备的监理人员年龄应在 65 周岁以下,身体健康,具备配电网工程建设监理实务知识、相应专业知识、工程实践经验和协调沟通能力。监理人员任职资格及条件见表 1–2。

表 1–2　　　　　　　　　　　　　　　监理人员任职资格及条件

岗位	岗位性质	兼职要求	任职条件
总监理工程师	关键	专职	(1)已在工程所属建设管理单位完成双准入考试(线上、线下)。 (2)参加过省级公司举办的安全培训,经考试合格且证书有效,具备以下两个条件:①国家注册监理工程师资格;②3 年及以上同类工程监理工作经验
专业监理工程师	关键	专职	1. 已在工程所属建设管理单位完成双准入考试(线上、线下)。 2. 具备以下两个条件之一: (1)工程类注册执业资格。 (2)中级及以上专业技术职称,2 年及以上同类工程监理工作经验,并经培训和考试合格。
安全监理工程师	关键	专职	1. 已在工程所属建设管理单位完成双准入考试(线上、线下)。 2. 参加过省级公司举办的安全培训,经考试合格且证书有效,熟悉电力建设工程管理,具备下列条件之一: (1)国家注册安全工程师或工程注册类执业资格。 (2)中级及以上专业技术职称,2 年及以上同类工程监理工作经验。 (3)从事电力建设工程安全管理工作或相关工作 3 年以上,且具有大专及以上学历。
造价工程师	重要	兼职	1. 已在工程所属建设管理单位完成双准入考试(线上、线下)。 2. 具备以下两个条件: (1)工程造价执业资格或通过电力工程造价从业人员专业能力评价。 (2)2 年以上同类工程造价工作经验。
监理员	重要	兼职	1. 已在工程所属建设管理单位完成双准入考试(线上、线下)。 2. 经过电力建设监理业务培训,具有同类工程建设相关专业知识。

岗位	岗位性质	兼职要求	任职条件
信息资料员	一般	兼职	1. 已在工程所属建设管理单位完成双准入考试（线上、线下）。 2. 熟悉电力建设监理信息档案管理知识，具备熟练的电脑操作技能，熟悉配电网工程相关管理系统操作要求，经监理单位内部培训合格。

1.2.3 办公环境

1. 基本设备配置

监理项目部应根据工程项目类别、规模、技术复杂程度、工程项目所在地的环境条件，依据监理合同约定，配备满足监理工作办公需要的检测设备、工器具、办公设施和交通工具。监理项目部基本设备配置见表1-3。

表1-3　　　　　　　　　　监理项目部基本设备配置清单

序　号	名　　称	项目部配置数量	分支机构配置数量
一	办公设备		
1	计算机	2台	1台
2	打印机	2台	1台
3	复印机	1台	1台
4	数码相机或智能手机	按现场监理员数量配置	按现场监理员数量配置
二	常规检测设备和工具		
1	测厚仪	2台	需使用时由项目部调配
2	混凝土强度回弹仪	1个	1个
3	经纬仪	2台	需使用时由项目部调配
4	游标卡尺	1把	1把
5	力矩扳手	1套	1套
6	接地电阻测量表	1个	1个
7	钢卷尺	50m 1个，5m 每人1个	50m 1个，5m 每人1个
8	望远镜	1个	按现场监理员数量
9	万用表	1个	1个
10	执法记录仪	根据工作需求配置，必配	根据工作需求配置，必配
11	激光测距仪	1台	1台
三	个人安全防护用品		
1	工作服及安全帽	每人1套	每人1套
2	个人防疫物品	按现场监理员数量配置	按现场监理员数量
四	交通工具	≥2辆	≥1辆

注　1. 监理项目部设备配置的数量、型号根据实际工程情况在监理规划中明确。
　　2. 智能手机配置应满足工程管理信息系统使用要求。

2. 基本规范和标准的配置

监理项目部应配置满足工程监理需要的基本规程规范和标准。在工程实施前，根据工程实际情况及监理合同要求进行补充、配备（配备相应的纸质版或电子版文件），并建立监理项目部标准执行清单。同时，对规范和标准实施动态管理，以保证在用标准、规范为最新版本，基本配置要求见附录 B 监理项目部基本规程规范和标准配置。

　　3. 办公设施

　　监理项目部办公场所需悬挂相应标识及各项管理制度等，具体要求见附录 F 监理项目部悬挂的标识及各项管理制度。

1.3　工作职责

　　严格履行监理合同，对工程安全、质量、造价、进度进行控制，对合同、信息进行管理，对工程建设相关方的关系进行协调，并履行建设工程安全生产管理法定职责，努力促进工程各项目标的实现。

　　（1）建立健全监理项目部安全、质量组织机构，严格执行工程管理制度，落实岗位职责，确保监理项目部安全质量管理体系有效运作。

　　（2）在业主项目部组织设计交底及施工图会检前，对施工图进行预检，形成预检意见，并监督有关工作的落实。

　　（3）结合工程项目的实际情况，依据工程建设管理纲要，设计文件，组织编制监理规划及实施细则，报业主项目部批准后实施。

　　（4）审查项目管理实施规划（施工组织设计）、"三措一案"、（专项）施工方案等施工策划文件，提出监理意见，报业主项目部审批。

　　（5）组织监理人员进行岗前教育培训及交底工作，对工程策划文件、标准工艺及上级文件进行学习、交底。

　　（6）审核施工项目部提交的开工报审表及相关资料，报业主批准后，签发工程开工令。

　　（7）审核施工项目部提出的工程分包计划及分包申请，报业主项目部审批；审查施工分包商报审文件，对施工分包管理进行监督检查。

　　（8）审查施工项目部编制施工进度计划并督促实施；比较分析进度情况，采取措施督促施工项目部进行进度纠偏。

　　（9）定期检查施工现场，发现存在安全事故隐患的，应要求施工项目部整改；情况严重的，应书面通知施工方要求施工项目部暂停施工，并及时报告业主项目部。施工项目部拒不整改或不停止施工的，应填写监理报告并立即向有关主管部门汇报。

　　（10）组织对进场材料、构配件的检查验收；通过见证、旁站、巡视、平行检验等手段，对全过程施工质量实施有效控制。监督、检查工程管理制度、标准工艺执行和落实，通过拍摄数码照片等手段强化施工过程质量管理。

　　（11）参与工程设计变更和现场签证管理，监督检查设计变更与现场签证的落实。

　　（12）审核工程进度款支付申请，按程序处理索赔，参加竣工结算。

　　（13）定期组织召开监理例会，参加与本工程建设有关的协调会。

　　（14）应用配电网工程相关管理信息系统，负责工程信息、数码照片及监理档案资料的收集、整理、上报、移交工作。

　　（15）组织编制监理月报，并按时上报。

　　（16）配合各级检查、竞赛评比等工作，完成自身问题整改闭环，监督施工项目部完成问题整改闭环。

（17）审查施工项目部的竣工申请，组织开展竣工预验收，参与竣工验收。

（18）项目投运后，及时对监理工作进行总结。

（19）参加项目创优评价工作，组织开展监理项目部标准化建设工作。

1.4 岗位职责

1.4.1 总监理工程师

总监理工程师是监理单位履行工程监理合同的全权代表，全面负责建设工程监理实施工作。

（1）确定项目监理机构人员及其岗位职责。

（2）组织编制监理规划及实施细则。

（3）根据工程进展及监理工作情况调配监理人员，检查监理人员工作。

（4）组织召开监理例会。

（5）组织审核分包单位资质。

（6）组织审查施工项目管理实施规划（施工组织设计）、（专项）施工方案。

（7）审查开（复）工报审表，签发工程开（复）工令、暂停令。

（8）组织检查施工单位现场质量、安全生产管理体系的建立及运行情况。

（9）审核施工单位的付款申请，参与竣工结算。

（10）组织审查和处理设计变更。

（11）调解建设管理单位与施工单位的合同争议，处理工程索赔。

（12）组织验收审查单位工程质量检验资料。

（13）审查施工单位的竣工申请，组织开展竣工预验收，参与竣工验收，组织编写竣工预验收记录表。

（14）参与或配合工程质量安全事故的调查和处理。

（15）组织编写监理月报及监理工作总结，组织整理监理文件资料。

（16）组织落实工程管理信息系统应用及日常管控要求。

（17）开展监理项目部标准化建设。

1.4.2 专业监理工程师

（1）参与编制监理规划及实施细则。

（2）审查施工单位提交的报审文件，并向总监理工程师报告。

（3）审查施工单位、分包单位的资质，审查人员资格及持证情况。

（4）指导、检查监理员工作，定期向总监理工程师报告本专业监理工作实施情况。

（5）检查进场的工程材料、构配件、设备的质量。

（6）组织验收隐蔽工程，参与竣工预验收、竣工验收。

（7）处置发现的质量问题和安全生产事故隐患，并报告总监理工程师。

（8）进行工程计量。

（9）参与工程变更的审查和处理。

（10）组织编写监理日志，参加编制监理月报。

（11）收集、汇总、参与整理本专业监理文件资料。

（12）配合安全监理工程师做好本专业的安全监理工作。

（13）负责落实范围内的工程管理信息系统应用要求。

1.4.3 安全监理工程师

（1）在总监理工程师的领导下负责工程建设项目安全监理的日常工作。

（2）协助总监理工程师做好安全监理策划工作。

（3）参与编制监理规划及实施细则。

（4）审查施工单位、分包单位的安全资质，审查项目经理、专职安全管理人员、特种作业人员的上岗资格，并在过程中检查其持证上岗情况。

（5）参加项目管理实施规划、"三措一案"和（专项）施工方案审查。

（6）审查施工安全风险识别、评估清册，督促做好施工安全风险预控，落实风险作业到岗到位要求。

（7）检查督促施工项目部管理人员到岗到位情况。

（8）参与施工方案的安全技术交底，监督检查作业项目安全技术措施的落实。

（9）组织或参加安全例会和安全检查，督促并跟踪存在问题整改闭环，发现重大安全事故隐患及时制止并向总监理工程师报告。

（10）监督安全文明施工措施的落实。

（11）参加编写监理日志和监理月报。

（12）负责做好安全管理台账以及安全监理工作资料的收集和整理。

（13）负责落实范围内的工程管理信息系统应用要求。

（14）监督落实上级单位安全文件的学习及传达工作。

1.4.4 造价工程师

（1）负责项目建设过程中的投资控制工作；严格执行国家、行业和企业标准，贯彻落实建设单位有关投资控制的要求。

（2）协助总监理工程师处理工程变更，根据规定报上级单位批准。

（3）协助总监理工程师审核上报工程进度款支付申请。

（4）参加业主项目部组织的工程竣工结算审查工作会议，审核施工项目部竣工结算资料。

（5）负责收集、整理投资控制的基础资料，并按要求归档。

1.4.5 监理员

（1）检查施工单位投入工程的人力、主要设备的使用及运行状况，发现问题，及时指出并向监理工程师报告。

（2）参加见证取样工作。

（3）复核工程计量有关数据。

（4）检查工序施工结果。

（5）担任旁站监理工作，检查施工单位现场关键人员履职情况，同时核查特种作业人员的上岗证，填写旁站记录表。

（6）检查、监督工程现场的施工质量、安全状况及安全措施的落实情况，发现施工作业中的问题，及时指出并向监理工程师报告。

（7）参与隐蔽工程的检查、验收，做好现场相关监理记录。

（8）熟悉所监理项目的合同条款、规范、设计图纸，在专业监理工程师领导下，有效开展现场监理工作，及时报告施工过程中出现的问题。

1.4.6 信息资料员

（1）负责对工程各类文件资料进行收发登记和分类整理，建立资料台账，并做好工程资料的储存保管工作。

（2）负责配电网工程相关工程管理信息系统监理资料的录入。

（3）负责工程文件资料在监理项目部内的及时流转。

（4）负责对工程建设标准文本进行保管和借阅管理。

（5）协助总监理工程师对受控文件进行管理，保证监理人员及时得到最新版本。

（6）负责工程监理资料的整理和归档工作。

1.5 重点工作

监理项目部按照过程管控、强化手段、重点突出的原则开展监理工作，监理项目部重点工作与关键管控节点见表 1-4（相关成果资料表单格式见附录 C）。

表 1-4　　　　　　　　　　监理项目部重点工作与关键管控节点

序号	重点工作	关键管控节点及工作要求	主要成果资料
1	策划管理	（1）组建监理项目部。在规定时间内组建监理项目部，配置合格监理人员及监理设施	监理项目部成立及总监理工程师任命；法定代表人授权书；质量终身承诺书；总监理工程师授权委托书
		（2）监理策划。组织编写监理项目部策划文件，按流程完成内部审批，报业主项目部	监理规划及实施细则
		（3）审查施工项目策划文件。对施工项目部编制的项目管理实施规划（施工组织设计）、施工方案（措施）等项目策划文件进行审查，并签署意见	施工进度计划报审表；文件审查记录
2	项目管理	（1）开工审核。审查工程开工条件，签发工程开工令	工程开工报审表；工程开工令
		（2）进度管理。对施工进度进行动态管理，及时采取纠偏措施	相关进度控制的文件记录
		（3）工程协调。组织有关单位召开监理例会或专题会议，研究解决相关问题	会议纪要
		（4）工程管理信息系统。应用工程管理信息系统，及时、准确、完整录入相关数据	系统平台中保存的各类监理报表、记录、数码照片等电子文档
		（5）合同履约管理。监督检查施工单位合同履约情况，协调解决合同执行过程中的争议	会议纪要；索赔审核记录
		（6）信息档案管理。及时组织宣贯上级文件，来往文件记录清晰；每月应编制监理月报，综合反映工程实施情况和监理工作情况，提出存在的问题与监理建议，及时报送业主项目部；及时完成资料收集，组织档案移交	收发文记录、安全、质量活动记录表；监理月报；工程档案资料
3	安全管理	（1）安全检查。通过旁站、检查、签证等手段，对发现的各类安全事故隐患，督促施工项目部及时整改闭环	安全旁站、安全签证等记录；监理通知单、工程暂停令等监理指令文件
		（2）分包管理。审查分包计划、分包商资质、分包合同及分包安全协议，监督项目分包管理工作	分包审查意见、分包管理检查及督促整改闭环记录

序号	重点工作	关键管控节点及工作要求	主要成果资料
3	安全管理	（3）特殊工种管理。审查特殊工种、特种作业人员资格证明文件，进行不定期核查	特殊工种报审表；监理检查记录
		（4）风险管控。对工程关键部位、关键工序、危险作业项目进行现场安全旁站	安全旁站监理记录
		（5）安全文明施工管理。检查现场安全文明施工设施使用情况	监理检查记录
4	质量管理	（1）在进场前对施工单位采购的原材料、构配件进行验收，审查质量证明文件、复试报告；组织主要设备材料开箱	工程材料、构配件、设备审查记录；设备材料开箱检查记录表
		（2）标准工艺应用	监理检查记录表
		（3）参加工程中间验收、组织竣工预验收，填写竣工预验收记录，参与业主组织竣工验收工作；督促施工项目部完成问题整改	竣工预验收记录表
5	造价管理	（1）施工工程款审核与结算。按施工合同约定，审核工程预付款支付申请，进行工程计量和进度款付款审核，参与工程结算	施工工程款监理审查意见；结算监理审核意见
		（2）设计变更管理。按设计变更管理制度，对设计变更进行审查并督促实施	设计变更审批单；设计变更执行报验单
		（3）现场签证管理。负责审核现场签证并督促实施	现场签证审批单
6	技术管理	（1）施工图预检。对施工图进行预检，形成预检意见	施工图预检记录表
		（2）督促施工技术交底。参与专项施工方案安全技术交底	相关交底记录
		（3）监理培训与交底。完成监理人员交底、培训、学习	安全、质量活动记录表；试卷及成绩
		（4）施工方案审查。审查施工方案，提出审查意见，专项施工方案并报业主项目部审批	施工方案及审查意见

监理项目部应规范项目过程管理，努力提升项目监理能力和水平。监理管理资料应在监理过程同步形成（见附录 E）。

2 项目管理

监理项目部的工程项目管理范围是除安全管理、质量管理、造价管理和技术管理四项专业化管理之外的建设监理管理内容，包括监理工作策划管理、工程进度计划管理、合同履约管理、组织协调、信息与档案管理、总结评价等。

2.1 工作内容与方法

2.1.1 监理工作策划管理

1. 组建监理项目部

监理合同签订 30 天内，向业主项目部提交监理项目机构以及人员安排的报告，其内容应包括项目机构设置、主要监理人员和作业人员的名单及资格条件，并将监理项目部成立及总监理工程师任命（见附录 C 中 PJSZ001）书面通知建设管理单位。配备满足工程需要的人员及各项设施。

（1）监理项目部应按标准化配置要求设置：

1）监理项目部应配备足额合格的监理人员。

2）办公设备、常规检测设备和工具、个人安全防护用品、交通工具配置满足工作需求。

（2）监理人员任命：

1）总监理工程师应由监理单位出具法人代表授权委托书（见附录 C 中 PJSZ002），签署工程质量终身责任承诺书（见附录 C 中 PJSZ003）。

2）监理项目部人员应由总监理工程师任命，人员的职责及分工以书面形式通知业主项目部和施工项目部。

（3）监理人员变更：

1）总监理工程师更换项目关键人员时，应以书面形式报送，征得建设管理单位同意。

2）监理项目部变更其他监理人员时，由总监理工程师以书面形式通知业主项目部和施工项目部。

2. 施工项目管理实施规划审查

工程开工前，审查项目管理实施规划，报业主项目部审批，并填写文件审查记录表（见附录 C 中 PJXM002）。审查要点：

（1）文件的编审批程序应符合相关规定，封面加盖施工单位公章。

（2）引用的编制依据应现行、有效。

（3）施工项目部人员与投标文件一致。

（4）工程目标应符合施工合同、建设管理纲要。

（5）主要施工方法及施工工艺应明确。

（6）施工资源配置应满足工程要求。

（7）文件内容发生变更的，修改后按原程序重新报审。

3. 监理策划

依据建设管理纲要、设计图纸等有关文件要求，编制监理规划及实施细则（见附录C中PJXM004），并在第一次工地会议前，填写监理文件报审表（见附录C中PJXM003），报业主项目部审批。必要时，及时组织修订、重新报审。

监理规划及实施细则应包括项目管理、安全管理、质量管理、造价管理相关工作流程；监理工作要点应涵盖质量控制要点、安全控制要点、进度控制要点、造价控制要点等内容。

4. 人员交底、培训

组织监理项目部人员对国网公司管理制度、上级文件、监理单位有关要求、工程策划文件等进行交底、培训，形成安全/质量活动记录（见附录C中PJXM011）或会议纪要（见附录C中PJXM008），紧急文件应留存收发文记录（见附录C中PJXM012）。

（1）交底工作要点：

1）监理单位应在监理工作实施前对监理项目部全体人员进行监理合同、监理大纲的交底。

2）总监理工程师应对全体监理人员进行监理规划及实施细则的交底。

3）监理项目部应根据工程不同阶段和特点，对现场监理人员进行技术交底，交底内容应包括该阶段监理实施细则、工程现场安全、质量管控要点等。

（2）培训相关要点：

1）监理单位应对全体监理人员进行不少于40学时的安全质量培训；对新录用的人员进行不少于40学时的安全质量教育培训，经考试合格后，方可上岗工作。

2）总监理工程师应对监理项目部全体监理人员进行相关管理制度、标准、规程规范的培训。

3）监理项目部应根据工程不同阶段和特点，对现场监理人员进行岗前教育培训，培训内容应包括工程项目特点、技术要求、监理工作方法。

2.1.2 工程进度计划管理

1. 开工审核

（1）核查工程开工条件，审核工程开工报审表，具备开工条件的应签发工程开工令（见附录C中PJXM001）。

（2）开工审核检查要点：

1）施工合同已签订。

2）项目管理实施规划已审批。

3）施工图会检已进行。

4）各项施工管理制度和相应的施工方案已制定并审查合格。

5）施工技术交底已进行。

6）施工人力和机械已进场，施工组已落实到位。

7）物资、材料准备能满足连续施工的需要。

8）计量器具、仪表经法定单位检验合格。

9）特殊工种作业人员能满足施工需要。

2. 施工进度计划审查

（1）根据业主项目部的项目进度实施计划（里程碑计划），审核施工项目部编制的施工进度计划，合格后报业主项目部审批，并监督执行。

（2）施工进度计划审查要点：

1）施工进度计划应符合合同工期及项目进度实施计划。

2）施工进度计划中，工程项目应无遗漏。

3）施工进度计划应综合考虑施工图纸、施工场地及物资供应等条件。

（3）督促施工项目部上报施工周计划。

3. 施工进度过程管理

（1）监理项目部应及时掌握工程进度情况，当发现偏差时，分析偏差原因，提出监理意见，督促施工项目部制定纠偏措施予以纠正。

（2）当发现实际进度严重滞后于计划进度且影响合同工期时，应签发监理通知单（见附录 C 中 PJXM007），要求施工项目部采取调整措施加快施工进度。总监理工程师应向业主项目部报告工期延误风险。

（3）监理项目部应比较分析工程施工实际进度与计划进度，预测实际进度对工程总工期的影响，并应在监理月报（见附录 C 中 PJXM015）中向业主项目部报告工程实际进展情况。

2.1.3 合同履约管理

1. 监理合同履约管理

（1）认真履行监理合同的相关服务内容：

1）组建监理机构，任命总监理工程师。

2）编制监理规划及实施细则。

3）履行工程各阶段监理工作。

4）根据合同约定，参与审核工程竣工结算。

5）编写工程监理工作总结（见附录 C 中 PJXM016），监理文件归档、移交。

（2）依据监理合同的有关约定，监理单位如需申请监理费用索赔，应提供超过监理合同服务范围的原始资料，报业主项目部。

2. 施工合同履约监督管理

（1）依据监理合同约定，监督检查施工单位合同履约情况，处理工程暂停及复工、工程变更、索赔及施工合同争议、解除等事宜。

（2）施工合同解除时，监理项目部应按合同约定，与业主项目部、施工项目部按有关要求协商确定施工单位应得款项，按施工合同约定处理合同解除后的有关事宜。

（3）及时收集、整理有关工程费用的原始资料，为处理费用索赔提供证据。提出监理书面意见和建议，报送业主项目部。

2.1.4 组织协调

1. 业主会议

（1）参与业主项目部组织的例会、月度协调会、专题会议等，提出监理意见和建议，对需要监理项目部落实处理的问题跟踪闭环。

在第一次例会上介绍监理项目部的组织机构、人员及分工情况；与各参建单位围绕工程进度计划讨论确定项目开工准备、施工过程关键节点安全质量管控计划、三级及以上施工安全风险识别评估、标准工艺实施策划等工作安排。

（2）监理项目部应参与业主组织的有关安全质量活动风险管控、设备质量、设计质量、施工质量等方面的专题会议，并协助业主处理相关问题。

2. 监理会议

（1）定期主持召开监理例会暨安全质量例会（每月不少于1次），通知相关单位派人员参会。参会人员应包括以下部门的相关人员。

1）业主项目部：项目经理、质量管理专责、安全管理专责。

2）监理项目部：总监理工程师、专业监理工程师、安全监理工程师。

3）施工项目部：项目经理、质检员、技术员、安全员。

4）设计单位：设计工代。

根据工程实际情况，监理例会可与业主月度例会合并召开。

（2）监理例会就工程安全、质量、进度、造价等工作进行协调，提出要求，形成会议纪要（见附录C中PJXM008），并对议定事项的落实情况进行监督检查。

（3）必要时组织召开专题会议，并形成会议纪要。

（4）会议纪要的管理应满足以下要求：

1）如实反映会议议定事项。

2）对存在的问题提出处理方案。

3）对上次会议问题的落实情况进行跟踪管理。

（5）会议纪要的发送应做好发文记录（见附录C中PJXM012）。

3. 其他事项

通过电话、传真、邮件、来往函件及其他方式，加强与工程参建单位的联系沟通，及时传递、处理、解决需要协调的其他相关事项。

（1）协助业主项目部协调物资供应单位及时督促供货商供货，并就现场设备问题及时配合施工项目部要求供货商进行协调处理。

（2）协调工地内部各参建单位的有关事项。

2.1.5 信息与档案管理

1. 信息档案通用管理

（1）每月编制监理月报（见附录C中PJXM015）报送业主项目部，监理月报应包括本月工程进度控制、安全生产管理、工程质量控制等监理方面的工作情况。每日填写监理日志（见附录C中PJXM014），汇总施工进展、监理工作及存在问题处理等情况。

（2）完善工程信息资料过程管理机制，实施文件的收发登记管理，填写文件收发记录表（见附录C中PJXM012）。

（3）根据档案管理要求，收集、整理工程资料及数码照片，做好监理项目部资料整理归档、移交（含电子档案）。

（4）督促审查施工单位及时完成档案文件的汇总、组卷、移交（含电子档案）。

2. 信息化管理

（1）贯彻落实上级单位信息化相关管理制度。

（2）执行工程管理信息系统各项管理要求，及时、准确、完整填报监理项目部相关信息，按要求应用视频监控、工程现场人员管理系统。

（3）收集配电网工程相关工程管理信息系统中的问题和建议，报送业主项目部。

2.1.6 总结评价

（1）工程投产后，组织编制工程监理工作总结（见附录C中PJXM016）。

（2）接受业主项目部的综合评价（见附录D）。

2.2 工作流程

项目管理主要单项业务流程图包括监理工作策划管理流程，如图 2-1 所示。

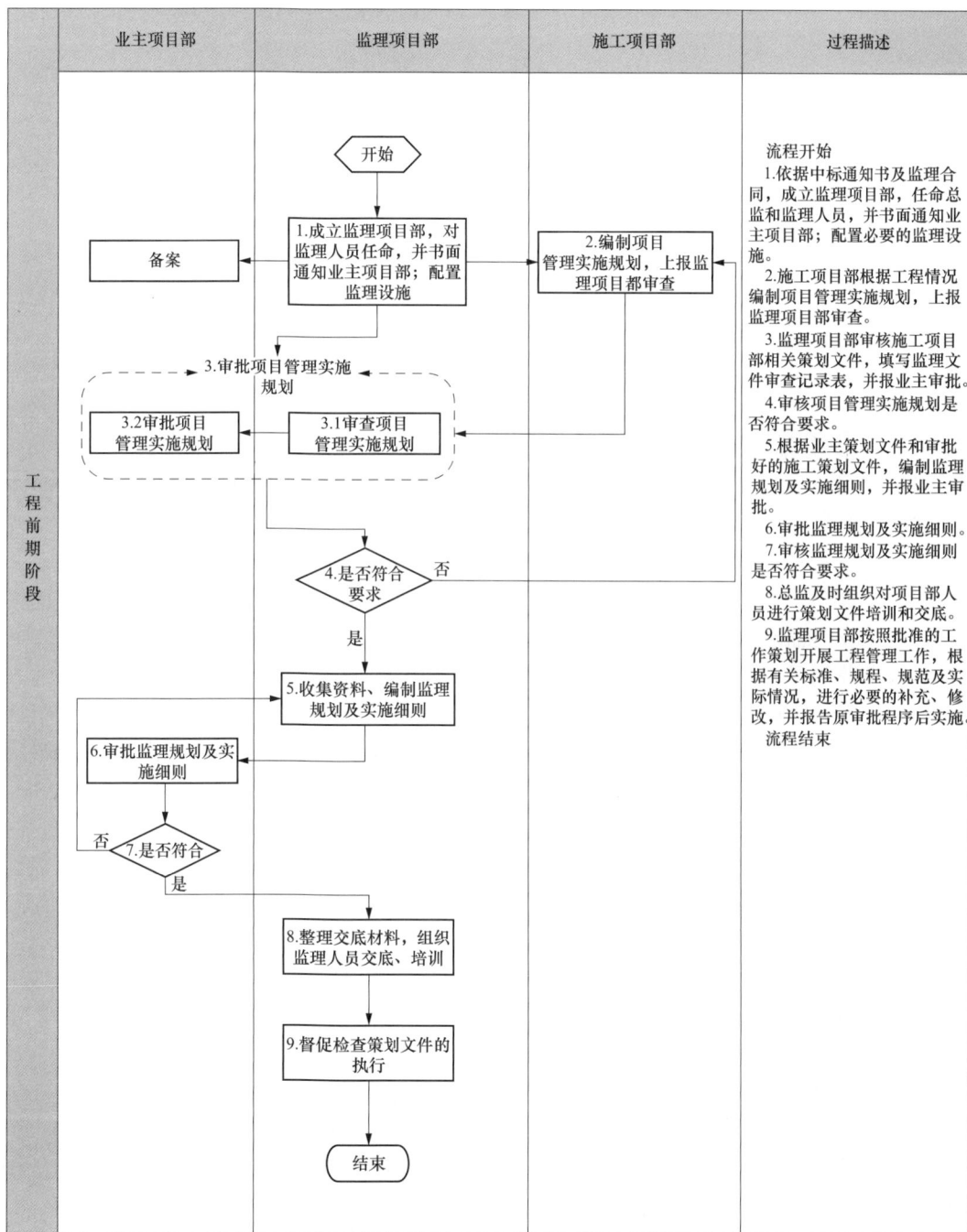

业主项目部	监理项目部	施工项目部	过程描述

流程图内容：

开始

1. 成立监理项目部，对监理人员任命，并书面通知业主项目部；配置监理设施

备案（业主项目部）

2. 编制项目管理实施规划，上报监理项目都审查（施工项目部）

3. 审批项目管理实施规划
- 3.2 审批项目管理实施规划
- 3.1 审查项目管理实施规划

4. 是否符合要求（否/是）

5. 收集资料、编制监理规划及实施细则

6. 审批监理规划及实施细则（业主项目部）

7. 是否符合（否/是）

8. 整理交底材料，组织监理人员交底、培训

9. 督促检查策划文件的执行

结束

工程前期阶段

过程描述：
流程开始
1. 依据中标通知书及监理合同，成立监理项目部，任命总监和监理人员，并书面通知业主项目部；配置必要的监理设施。
2. 施工项目部根据工程情况编制项目管理实施规划，上报监理项目部审查。
3. 监理项目部审核施工项目部相关策划文件，填写监理文件审查记录表，并报业主审批。
4. 审核项目管理实施规划是否符合要求。
5. 根据业主策划文件和审批好的施工策划文件，编制监理规划及实施细则，并报业主审批。
6. 审批监理规划及实施细则。
7. 审核监理规划及实施细则是否符合要求。
8. 总监及时组织对项目部人员进行策划文件培训和交底。
9. 监理项目部按照批准的工作策划开展工程管理工作，根据有关标准、规程、规范及实际情况，进行必要的补充、修改，并报告原审批程序后实施。
流程结束

编制说明：本流程适用于监理项目部策划管理，提出了监理项目部管理策划的全过程管理要求，规范了监理策划管理

图 2-1 监理工作策划管理流程图

3 安全管理

安全管理的主要内容包括安全策划管理、安全风险与应急管理、安全检查管理、安全文明施工管理、分包安全管理和反违章管理等。

3.1 工作内容与方法

3.1.1 安全策划管理

（1）根据业主项目部安全管理要求，结合本工程特点，在编制本工程监理规划及实施细则时编制安全监理工作专篇，经业主项目部批准后执行。

（2）监理项目部应建立以下安全管理台账（见附录 C 中 PJAQ001）：安全法律、法规、标准、制度等有效文件清单；总监理工程师及安全监理人员资质资料；安全管理文件收发、学习记录；安全监理会议记录；施工报审文件及审查记录；分包审查记录；安全检查、签证记录及整改闭环资料；安全旁站记录；监理通知单及回复单，工程暂停令（见附录 C 中 PJXM009）及工程复工令（见附录 C 中 PJXM005）。

（3）审查施工项目部编制的施工方案的安全管控措施，填写文件审查记录表（见附录 C 中 PJXM002）。施工安全管控措施审查要点：

1）编审批流程符合相关规范要求。

2）明确现场安全管控具体措施（包括安全管理制度和台账、作业人员管理措施，施工机械及工器具管理措施、施工技术管理措施、施工安全风险管理措施、分包安全管理措施、应急管理措施、安全检查及隐患排查等）。

3）三级及以上施工安全风险、评估清册编制情况。

（4）审查施工项目部关键人员、特种作业人员的资格条件，审查要点：

1）人员资质证书真实有效，满足工程作业需要。

2）施工项目部项目经理、安全员须持有政府相关部门颁发的安全生产考核合格证书。

3）特种作业人员需持有效特种作业操作资格证，特种作业门类须与资格证相符。

4）施工项目部关键人员、施工现场作业人员和特种作业人员已纳入安全管控，参加建设管理单位组织的安全考试，合格后上岗。

（5）审查施工项目部主要施工机械、工器具、安全防护用品（用具）的安全性能证明文件，审查要点：

1）应附大中型机械、工器具、安全用具的清单及检验、试验报告、安全准用证等，且附件材料清晰并注明原件存放处。

2）大中型机械、工器具、安全用具的定检报告、安全准用证、试验报告合格，并在有效期内。

3）租赁的大中型机械应签订租赁合同和安全协议，严禁与个人签订租赁合同。

（6）督促施工项目部开展安全教育培训工作。重点审查施工单位提交的安全教育培训记录；抽查施工项目部进场人员《电力安全工作规程》考试情况，形成检查记录，必要时参加施工项目部安全教育培训。

（7）审查施工单位现场安全生产规章制度的建立及实施情况。

（8）组织召开安全工作例会（可结合监理例会召开），在形成的监理例会会议纪要（见附录 C 中 PJXM008）中针对安全检查存在的问题进行通报和分析，提出改进意见。

3.1.2　安全风险与应急管理

1. 安全风险控制措施

（1）在施工图交底前，协助业主项目部组织参建单位进行现场勘察核实。

（2）在施工图会审时，审查设计单位提供的三级及以上风险清单（包括但不限于重大停电、线路"三跨"、深基坑开挖、设备吊装、邻近带电体施工作业）。

（3）工程开工前，督促施工项目部组织现场初勘。

（4）审核施工项目部编制的风险识别、评估清册。

（5）督促施工项目部根据风险作业计划，提前开展施工安全风险复测，将复测结果和采取的安全措施填入施工作业票，作为作业票执行过程中的补充措施。

（6）根据当日施工作业内容核查工程"一板五卡"具体内容，检查要点如下。

1）检查安全文明施工设施布置情况。

2）现场作业人员实名制管理情况。

3）安全防护用品配备情况。

4）作业现场：现场安全看板；工作票、班组作业风险控制卡；工序质量控制卡；施工组织、安全、技术方案（措施）；疫情防护控制卡等执行情况。

5）发现问题及时督促整改，未整改闭环前不得作业。根据风险等级，落实监理人员到岗到位。

6）每日站班会"三交三查"执行到位，施工单位关键人员按风险等级落实到岗、到位。

2. 安全旁站

（1）监督施工项目部开展施工安全管理及风险预防控制工作。对工程关键部位、关键工序、危险作业项目进行安全旁站。落实安全旁站监理工作，具体要求如下：

1）施工项目部应当在旁站点施工前 24h 书面通知监理项目部，监理项目部派员旁站。

2）安全旁站开始前，安全监理工程师对旁站监理人员就作业内容、风险等级、风险预控措施、安全旁站关键点等内容进行交底。

3）根据安全技术要点落实情况，人员分工、关键人员到岗到位情况，以及特种作业人员、特种设备操作人员、施工机具，安全文明施工设施配置情况，如实填写安全旁站监理记录表（见附录 C 中 PJAQ002）。

4）安全旁站过程中发现的一般问题，可通过口头或书面的形式要求施工项目部及时整改；对不能及时整改的问题进行记录（必要时可用影像记录），并上报总监理工程师；对出现严重影响施工人员安全的问题，旁站监理人员可先行提出停工要求，并立即向总监理工程师汇报，经总监理工程师核准，签发工程暂停令（见附录 C 中 PJXM009），并抄送至业主项目部。

（2）安全旁站监理记录表（见附录 C 中 PJAQ002）主要填写内容包括但不限于：

1）施工方案安全措施落实情况。

2）施工项目部关键人员到岗到位情况。

3）特种作业人员、特种设备操作人员到岗到位情况，施工机械、工器具、安全防护用品及安全设施的投入、使用情况。

4）风险作业区域安全文明施工设施配置情况等。

5）现场施工作业人员实名制落实情况。

（3）安全旁站包括但不限于以下内容。

1）土建施工：脚手架搭设 / 拆除、深基坑、2m 及以上的人工挖孔桩等。

2）杆塔施工：立杆吊装、组塔等。

3）架空线路施工：交叉跨越、近电作业、带电作业、存在感应电等。

4）电缆施工：电缆试验等。

5）配电变压器施工：变压器吊装及试验。

6）城市 / 集镇人口密集、环境复杂等施工狭窄地段。

3. 现场应急工作管理具体要求

（1）参加工程现场应急工作组，参与编制应急处置方案，并签署监理意见。

（2）结合工程实际情况，参与现场应急工作组组织的应急救援培训和现场应急预案演练。

（3）发生安全事故（事件）后，立即按相关规定启动现场应急处置方案，同时上报上级应急管理机构；迅速抢救伤员，并派专人严格保护现场。

（4）根据省公司安全事故调查规程等确定的管理权限和上级授权，配合事故（事件）调查。

3.1.3　安全检查管理

（1）进行日常的安全巡视检查，组织定期或专项（防灾避险、季节、施工机具、临时用电、安全通病、脚手架搭设及拆除等）安全检查。

（2）对大中型起重机械、脚手架、施工用电、危险品库房等进行安全检查签证，核查施工项目部填报的安全签证记录。

（3）重点检查各类专项方案（措施）的执行落实情况、安全生产管理人员及特殊工种、特种作业人员履职及持证情况。

（4）针对各类检查、签证发现的安全问题，视情况严重程度填写监理检查记录表（见附录 C 中 PJXM013）或监理通知单（见附录 C 中 PJXM007），督促施工单位落实整改，并对整改结果进行复查；达到停工条件的，应签发工程暂停令（见附录 C 中 PJXM009），并及时报告业主项目部；施工项目部拒不整改或者不停止施工的，及时向有关主管部门报告，填写监理报告（见附录 C 中 PJXM010）。需签发工程暂停令的情况：

1）无安全保证措施施工或安全措施不落实。

2）作业人员未经安全教育及技术交底施工，特殊工种无证上岗。

3）安全文明施工管理混乱，危及施工安全。

4）未经安全资质审查的专业分包单位进入现场施工或施工项目部对分包队伍管理混乱。

5）发生七级以上安全事故（事件）。

（5）停工部位（工序）满足复工条件的，及时审核施工项目部报送的工程复工报审表，经业主项目部审批后签发工程复工令（见附录 C 中 PJXM005）。

（6）配合业主项目部及上级单位开展优质工程、交叉互查、项目部标准化建设等各类检查，按要求组织自查，督促责任单位落实整改要求。

（7）参与或配合项目安全事故（事件）调查处理工作。

3.1.4 安全文明施工管理

（1）在监理规划及实施细则中编制安全监理工作专篇，明确安全文明施工管理目标和安全控制措施、要点。

（2）对进场的安全文明施工设施进行审查。

（3）对现场施工全过程安全控制做到如下几点。

1）安全检查：开工后，监理人员应对安全文明施工情况进行检查，并填写现场检查记录，发现安全隐患或违章操作等安全问题时签发监理通知单要求限期整改，对不按期整改的由总监理工程师签发工程暂停令并报告业主项目部。定期组织安全文明施工检查。

2）重要危险源控制：根据工程特点辨识危险源，重点监控跨越、穿越、停电、送电、临时拉线等危险点，并督促、审查、监督安全危险点处专项安全措施的制定和执行情况。

（4）施工过程中，对施工单位安全标准化设施的使用情况和施工人员作业行为进行抽查，查出问题及时督促落实整改，并提出改进措施。

（5）在旁站或巡视过程中，对现场落实安全文明施工标准化管理要求进行检查，并填写安全旁站监理记录表（见附录中 PJAQ002）或监理检查记录表（见附录 C 中 PJXM013）。

3.1.5 分包安全管理

（1）审查工程项目分包计划。

（2）审查分包商资质、业绩和拟签订的分包合同、安全协议，对拟进场的分包商主要人员、施工机械、工器具、施工技术能力等条件进行入场验证并动态核查。

（3）通过文件审查、见证、安全检查签证、旁站和巡视、平行检验、竣工预验收等监理手段，对施工项目部分包管理工作进行安全过程监督。

（4）在施工过程中，按照有关管理和评价要求开展工程项目分包管理专项检查，填写监理检查记录表（见附录 C 中 PJXM013）。

3.1.6 反违章管理

依据《配电作业现场反违章手册》，实时开展反违章活动。

（1）违章类型分为管理违章、行为违章和装置违章三类。

（2）工程开工前，组织施工单位根据现场实际，制定反违章预防细则，并对可能存在的管理违章、行为违章进行检查，填写监理检查记录表。

（3）工程开工后，在监理规划及实施细则中编制反违章相关内容，并通过巡视、安全检查等形式对现场存在的违章问题进行检查，填写监理通知单。

（4）在施工过程中开展反违章专项检查，填写监理检查记录表及监理通知单。

3.2 工作流程

安全管理主要单项业务流程包括安全策划管理流程和安全检查管理流程，分别如图 3-1 和图 3-2 所示。

业主项目部	监理项目部	施工项目部	过程描述

工
程
前
期
阶
段

开始

1.提供安全策划文件及安全管理要求

2.编制施工安全管理策划文件

3.审查施工安全管理策划文件

5.审批施工安全管理策划文件

4.是否符合要求 是 否

6.在监理规划中编制安全监理工作专篇

7.审批监理规划

8.按安全策划文件开展工作
8.1按监理策划文件开展安全监理工作
8.2按施工策划文件开展安全监理工作

9.安全管理策划文件动态调整
9.1安全策划文件动态调整
9.2监理安全策划文件动态调整
9.3施工安全策划文件动态调整

10.总结分析

结束

过程描述：

流程开始

1.业主项目部下发工程项目安全管理策划文件。

2.施工项目部根据监理管理单位提供的安全管理策划，结合工程特点，编制工程施工安全管理策划文件。

3.监理项目部对施工项目部的安全管理策划文件进行审查，填写监理文件审查记录表。

4.经审查施工项目部相关安全管理策划文件符合要求后，由监理项目部签认并建设管理单位审批不符合相关要求的，重新编制并报审。

5.业主项目部对经监理项目部审查的相关安全管理策划文件进行审批，符合要求时予以签认。

6.监理项目部根据业主项目部安全管理策划文件，结合施工单位的相关安全管理策划文件，在监理规划中编制安全管理工作专篇。

7.业主项目部审批监理规划。

8.施工、监理项目部按照经审批的安全管理文件开展相关工作。

9.业主项目部、监理项目部、施工项目部根据有关标准、规程、规范及实际情况，进行必要的补充修改，并执行原审批程序后实施。

10.工作结束后，在监理工作总结中对监理安全管理工作进行分析、总结。

流程结束

编制说明：本流程适用于监理项目部安全策划管理，提出了监理项目闻安全管理策划的全过程工作要求，明确了业主项目部、施工项目部的相关工作，规范了安全策划管理

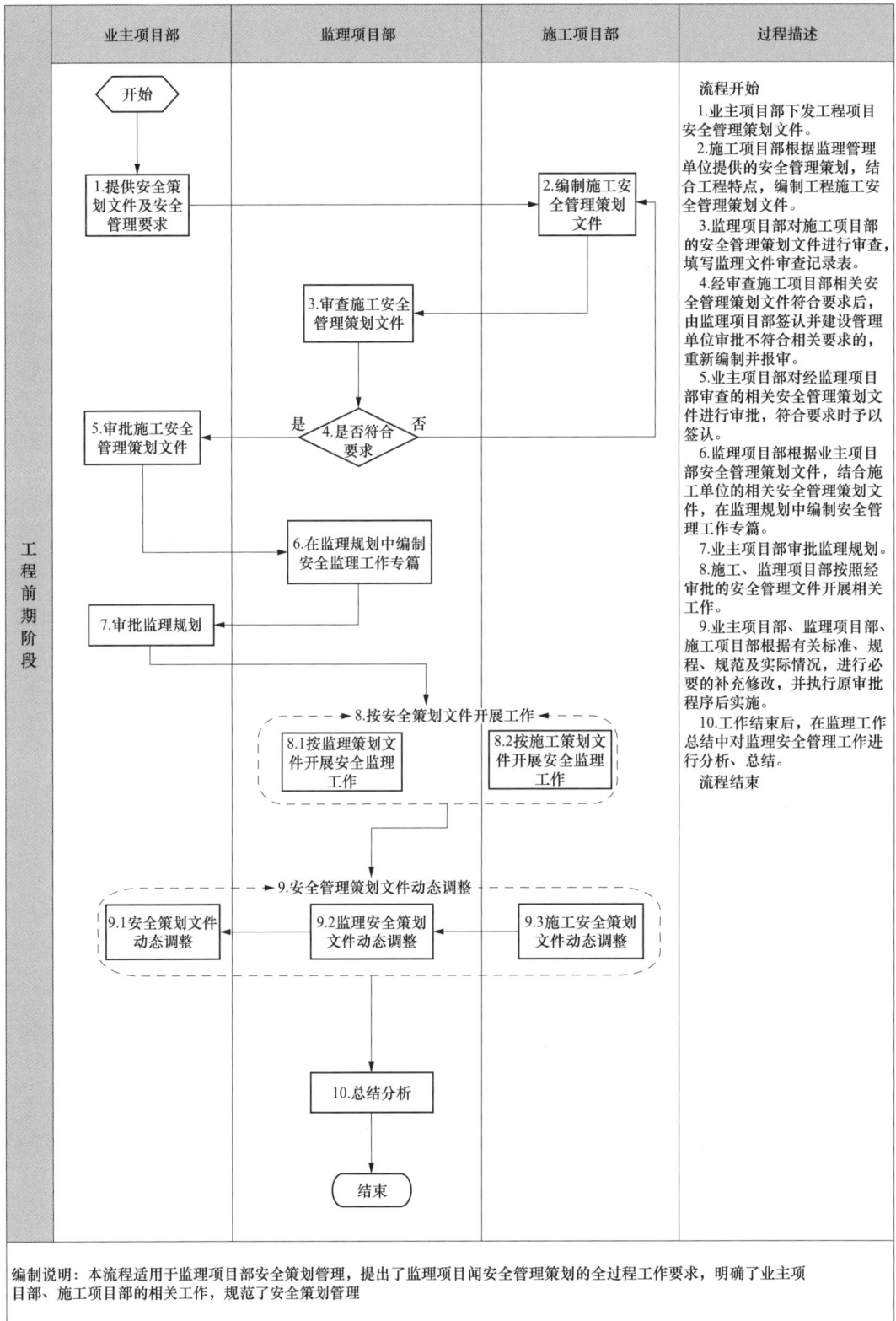

图 3-1　安全策划管理流程图

业主项目部	监理项目部	施工项目部	过程描述
工程施工阶段	开始 1.策划巡视、签证、定期、专项等安全检查工作 2.开展定期检查、专项检查巡视等检查活动 4.签发监理检查记录表或监理通知单 6.核查确认 7.是否符合要求 结束	3.配合监理组织的安全检查工作 5.对存在的问题进行闭环整改并提交安全整改反馈单	流程开始 1.监理项目部在监理规划及实施细则中制定安全巡视、签证、定期及专项等安全检查监理工作方法，策划和组织检查工作。 2.监理项目部根据上级管理部门要求或季节性施工特点，开展月度及春、秋季等定期例行检查活动，根据工程实际，开展施工机具、临时用电、脚手架等专项检查；开展三级及以上风险作业的安全巡视检查。 3.施工项目部配合监理组织的安全检查工作。 4.针对各类安全检查中发现的问题，下发监理检查记录表或监理通知单，要求责任单位整改并填写整改记录，对整改结果进行确认；情况严重的，应签发工程暂停令，并及时报告业主项目部；施工项目部拒不整改或者不停止施工的，及时向有关主管部门报告并填写监理报告。 5.施工项目部对存在问题进行闭环整改并提交安全整改反馈单。 6.监理项目部对问题整改结果进行核查确认。 7.审核问题整改后是否符合要求。 流程结束

（7.是否符合要求 — 否 / 是）

编制说明：本流程适用于监理项目部安全检查管理，提出了监理项目部安全检查管理的工作要求，明确了相关单位的工作，规范了项目部安全监理管理工作。

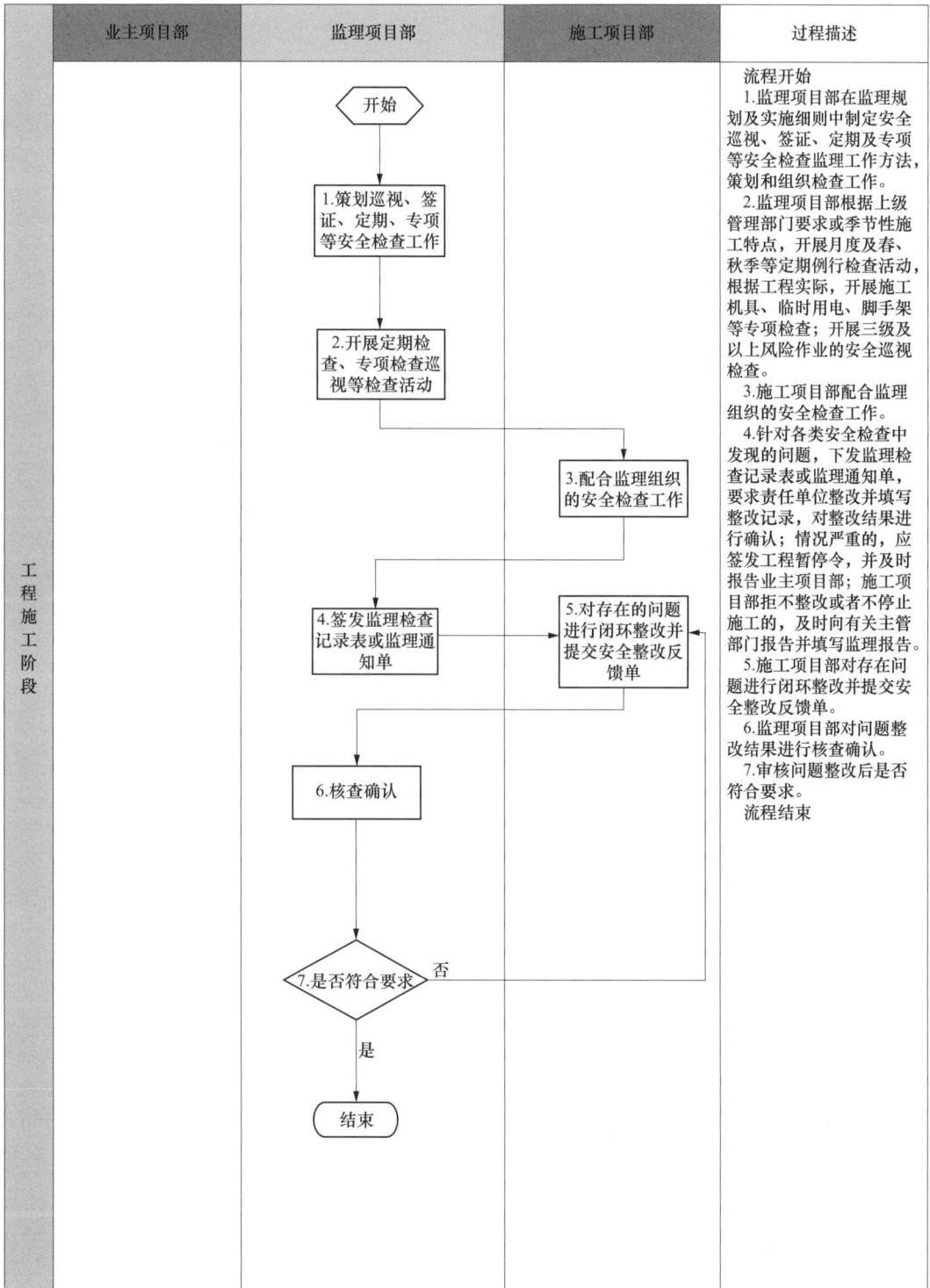

图 3-2 安全检查管理流程图

4 质量管理

质量管理按项目建设流程可分为质量策划、施工准备、施工过程、工程验收（含过程验收）和总结评价五个阶段管理内容。

4.1 工作内容与方法

4.1.1 质量策划阶段

依据主业工程相关的标准、设计文件、技术资料和施工组织设计等，编制监理规划及实施细则（见附录 C 中 PJXM004），内容可包含见证计划、隐蔽工程验收、平行检验、质量旁站等内容，报业主项目部备案。

4.1.2 施工准备阶段

（1）审查施工项目部报审的质量管理组织机构、专职质量管理人员的资格证书。重点核查以下内容：

1）质量管理组织机构人员应与投标文件一致；如不相符，应履行变更手续。

2）报审的资格证书应与持证人一致。

3）资格证书应有效。

（2）审查施工项目部报送的项目管理实施规划中的质量保证措施的有效性和可行性，确保措施符合工程实际并具有可操作性，填写文件审查记录表（见附录 C 中 PJXM002）。

（3）审核施工项目部报审的施工方案等文件，填写文件审查记录表（见附录 C 中 PJXM002），报业主项目部审批。

（4）审查施工项目部委托的第三方试验（检测）单位的资质等级及试验范围、计量认证等内容。

（5）审查施工项目部报审的主要测量／计量器具的规格、型号、数量、证明文件等内容。主要测量／计量器具应经法定计量检定机构检定合格，测量精度应满足相关规范要求，数量应满足施工需要。

（6）审核测量依据、测量人员资格和测量成果是否符合相关设计、规范及标准要求。

（7）审查施工项目部报审的乙供材料供应商资质文件，供应商资质文件包括营业执照、工业产品生产许可证或产品质量认证证书、企业质量管理体系认证证书、产品型式试验报告、产品出厂检验报告、特种设备制造许可证等。

（8）参与业主项目部组织的物资到货验收。

4.1.3 施工过程阶段

（1）对进场的乙供工程材料、构配件、设备按相关规定进行实物质量检查及见证取样，并审查施工项目部报送的质量证明文件、数量清单、自检结果、复试报告等，符合要求后方可使用。

（2）甲方提供的主要设备材料进入施工现场后，组织业主、施工、供货商（厂家）对其进行开箱检查，并共同签署设备材料开箱检查记录表（见附录 C 中 PJZL002）。如发现设备材料质量不符合要求，配合业主项目部和物资管理部门进行更换。

（3）按规定对乙供材料试品、试件进行见证取样，并对检（试）验报告进行审核，符合要求后予以签认。已进场的甲方提供材料、构配件、设备质量有疑义时，在征得业主项目部同意后，按约定检验的项目、数量、频率、费用对其进行平行检验或委托试验。

（4）施工过程检查：开工后，监理人员应相关按施工及验收规范要求对施工质量进行检查，并填写质量检查记录；发现质量隐患或质量问题时，签发监理通知单要求限期整改；对不按期整改的，由总监理工程师签发工程暂停令并报业主项目部。

（5）工程变更审查：施工中不得擅自更改设计；确需变更设计时，必须由提出单位填写工程设计变更联系单，由设计单位出具设计变更审批单，经审批后实施。

（6）对测量成果及保护措施进行检查核实。

（7）对关键部位、关键工序进行旁站监理，填写质量旁站监理记录表（见附录 C 中 PJZL001）。

质量旁站包括但不限于以下内容。

1）土建施工：开关站（配电室）的基础及主体结构混凝土浇筑、屋面防水及保温；配电设备（箱式变压器、环网单元、电缆分支箱）的基础混凝土浇筑；杆塔的基础混凝土浇筑、钢筋笼入孔；电缆工作井混凝土浇筑等。

2）电缆施工：电缆中间接头（终端头）制作及试验等。

3）配电变压器施工：变压器就位等。

4）配电网设备：调试及试验等。

5）配电网自动化装置施工：终端调试等。

（8）做好平行检验工作。对不符合相关质量标准的，应签发监理通知单（见附录 C 中 PJXM007），及时督促施工单位限期整改。

（9）审核施工项目部报审的试品、试件试验报告。

（10）组织召开质量工作例会（可结合监理例会召开），在形成的监理例会会议纪要（见附录 C 中 PJXM008）中分析工程质量状况，提出改进质量工作的意见。

（11）对标准工艺应用情况进行检查验收，填写监理检查记录表（见附录 C 中 PJXM013），及时纠正偏差，跟踪整改。

（12）根据施工进展，对现场进行日常巡视检查，填写监理检查记录表（见附录 C 中 PJXM013），发现问题及时纠正。巡视检查主要内容：

1）检查是否按工程设计文件、工程建设标准和批准的施工方案（措施）施工。

2）检查已进场使用的材料、构配件、设备是否合格。

3）检查现场质量管理人员是否到位。

4）检查用于工程的主要测量／计量器具的状态，确保检验有效、状态完好、满足要求。

（13）发现施工存在质量问题的，或施工单位采用不适当的施工工艺，或施工不当造成工程质量不合格的，应及时签发监理通知单（见附录 C 中 PJXM007），并督促落实整改。

（14）对需要返工处理或加固补强的质量缺陷，要求施工项目部报送经设计等相关单位认可的处理方案,并应对质量缺陷的处理过程进行跟踪检查,同时应对处理结果进行验收。

(15)发生质量事件后,现场监理人员应立即向总监理工程师报告;总监理工程师接到报告后,应立即向本单位负责人和业主项目部报告。参加有关部门组织的质量事件调查,提出监理处理建议,并监督事件处理方案的实施。

(16)发现存在符合停工条件的重大质量隐患或行为时,签发工程暂停令(见附录C中PJXM009),要求施工项目部进行停工整改,并报告业主项目部。需要签发工程暂停令(质量)的情况:

1)发现重大施工质量隐患。

2)无施工方案及交底、无质量保证措施施工。

3)施工现场质量管理人员不到位或未按作业指导书施工。

4)施工人员擅自变更设计图纸进行施工。

5)使用没有合格证明的材料或擅自替换、变更工程材料。

6)隐蔽工程未经验收擅自隐蔽。

7)其他严重不符合施工规范的施工行为。

(17)配合业主项目部及上级单位开展工程创优、交叉互查等各类检查,按要求组织自查,督促责任单位落实整改要求。

4.1.4 工程验收阶段(含过程验收)

(1)施工项目部在隐蔽前48h通知监理,监理项目部于隐蔽前组织相关人员对隐蔽工程进行验收。对验收合格的应给予签认;对验收不合格的应要求施工项目部在指定的时间内整改并重新报验。隐蔽工程验收前不得进行下道工序,隐蔽验收记录应签字完备并有明确验收结论。隐蔽工程验收工作重点包括但不限于:

1)基础坑深及地基处理情况。

2)现浇基础中钢筋和预埋件的规格、尺寸、数量、位置以及混凝土浇制质量。

3)预制件基础,如底盘、拉盘、卡盘的规格尺寸、埋深、安装质量。

4)直埋电缆的埋设深度是否符合设计要求。

5)地下横木的规格尺寸、埋深和安装质量。

6)岩石基础的成孔尺寸、钢筋、铁件的预埋及混凝土的浇制质量。

7)各种连接管的质量、施工后的规格尺寸和工艺质量。

8)导线修补处理线股损伤情况。

9)接地体的埋设情况。

10)箱式变压器基础、环网柜基础、室外设备基础等有隐蔽内容的隐蔽工程必须现场重点检查。

(2)中间过程验收工作重点:主要检查可能出现处理周期较长的缺陷,包括但不限于以下部分。

1)线路部分。

a.电杆基础:主要是双杆两底盘的高低,整基基础中心或双杆中心与中心桩之间的位移,或线路中心线之间的扭转,混凝土的强度等。

b.电杆及拉线:配电线路中混凝土电杆的弯曲度及焊接工艺质量,电杆高度,根开误差及结构扭转,横担歪扭,各部分连接状况,永久拉线的方式和受力情况,电杆基础回填土情况。

c.接地：接地体埋设情况和实测接地电阻。

d.架线：弧垂大小，绝缘子是否良好，横担是否歪斜，跨接线对各部位空气间距，杆身在架线后的挠度，线路对地、对建筑物、对跨越物的水平距离和垂直距离以及对树木等的接近距离。

2）台架部分。变压器台架低压综合配电柜（JP柜）电缆低压出线分为电缆入地和电缆上返架空出线两种形式。

a.低压电缆入地出线安装时，利用综合配电柜下方出线孔，低压出线管应采用钢管保护。

b.低压电缆上返出线安装时，利用综合配电柜侧方出线孔，电缆与架空线路连接。380V架空线路尾线回头绑扎至主线，尾线线头应绝缘包扎；电缆与架空线路尾线连接采用双线夹固定。

（3）对已同意覆盖的工程隐蔽部位质量有疑问的，或发现施工单位私自覆盖工程隐蔽部位的，应要求施工项目部进行重新检验。

（4）现场组织质量验收工作，对标准工艺应用情况进行检查。

（5）工程质量验收：每道工序完工后，均应通过施工单位自检合格并经监理验收后方可进行下道工序；质量验收记录表由施工单位填写，报监理现场复查后，监理填写验收结论。

（6）根据施工项目部提出的验收申请，对施工项目部自检验收结果进行审查，组织竣工预验收工作。对初检中发现的施工质量问题，指令施工项目部进行缺陷整改。

（7）竣工预验收合格后，出具竣工预验收记录表（见附录C中PJZL004），向建设管理单位提出工程报验申请单（见附录C中PJZL005），报请建设管理单位组织竣工验收。

（8）参加建设管理单位组织的竣工验收，对验收中发现的问题，监理项目部组织复查，完毕后报业主项目部。

4.1.5 总结评价阶段

（1）依据委托监理合同的约定，对工程质量保修期内出现的质量问题进行检查、分析，参与责任认定，对修复的工程质量进行验收，合格后予以签认。

（2）配合业主项目部及上级有关部门组织的工程创优、检查等。

4.2 工作流程

质量管理主要单项业务流程包括材料、构配件、设备质量控制流程，隐蔽工程质量控制流程，旁站监理工作流程以及竣工预验收工作流程，分别如图4-1～图4-4所示。

业主项目部	监理项目部	施工项目部	过程描述

施工准备阶段

开始

1.熟悉材料，进行材料统计

1.2熟悉图纸、工程材料 / 1.1熟悉图纸、工程材料；进行材料统计

2.制订采购计划，选择拟选厂家

4.审查供货商资质 / 3.材料供货商选择并报监理项目部审查

5.是否同意使用　否　是

施工过程阶段

6.进行材料采购，组织进场

7.见证取样送检

7.2组织进行见证取样 / 7.1参加见证取样送检

9.审查材料质量证明文件、复试报告等 / 8.将材料复试结果报监理审查

10.是否合格　否　11.乙供材料撤出施工现场

12.材料保管、使用及检查

12.2巡视检查施工过程中材料质量状况 / 12.1做好材料保管，跟踪材料使用及质量状况检查

13.是否合格　否　是

14.继续巡视检查

结束

过程描述：

流程开始

1.施工、监理项目部分别熟悉图纸材料的技术参数和质量要求及相关规范，施工项目部应进行材料统计。

2.施工项目部制定采购计划，选择拟选厂家。

3.施工项目部材料组织招标采购，签订采购合同，选择的厂家向监理项目部报审。

4.总监理工程师主持，专业监理工程师审查报审的供货商资质。

5.施工项目部选择的供货商资质经监理项目部审查合格后，同意进行材料采购；审查未合格的退回，由施工单位重新拟定采购厂家。

6.施工项目部进行乙供材料采购，组织进场。

7.由施工项目部通知监理项目部材料进场，并参加由监理项目部组织按有关规范要求进行的见证取样送检。

8.由施工项目部将材料取样复试的结果报监理项目部审查。

9.监理项目部对乙供工程材料，构配件、设备的质量证明文件、数量清单、自检结果、复试报告等进行审查。

10.监理项目部对审查合格的乙供材料予以签认同意使用，对审查不合格的材料要求施工项目部将其撤出施工现场。

11.由施工项目部将不合格材料撤出施工现场。

12.在施工过程中，施工项目部应做好材料、构配件、设备的保管，跟踪材料使用并记录台账，检查材料质量状况；监理项目部通过巡视等手段，检查施工过程中材料的质量状况。

13.对检查不合格的材料、构配件、设备要求施工项目部撤出施工现场，合格的继续做好材料的保管、使用跟踪及调查。

14.继续开展对进场主要材料、构配件、设备的质量检查。

流程结束

编制说明：本流程适用于监理项目部对材料、构配件、设备进场及施工过程中的质量管理，明确了各相关单位的工作职责，规范了对材料、构配件、设备质量控制的管理流程

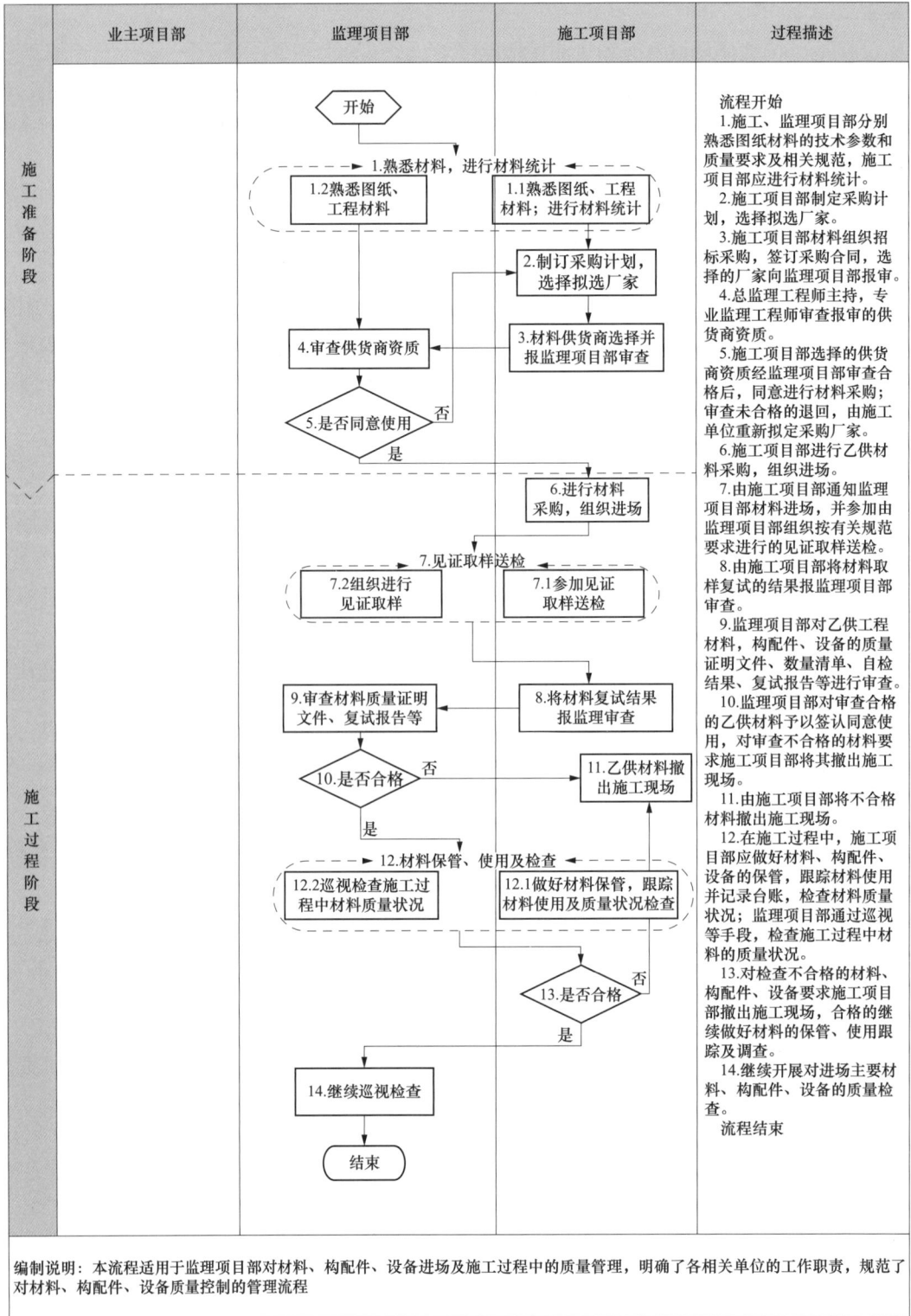

图 4-1　材料、构配件、设备质量控制流程图

业主项目部 勘察、设计等	监理项目部	施工项目部	过程描述

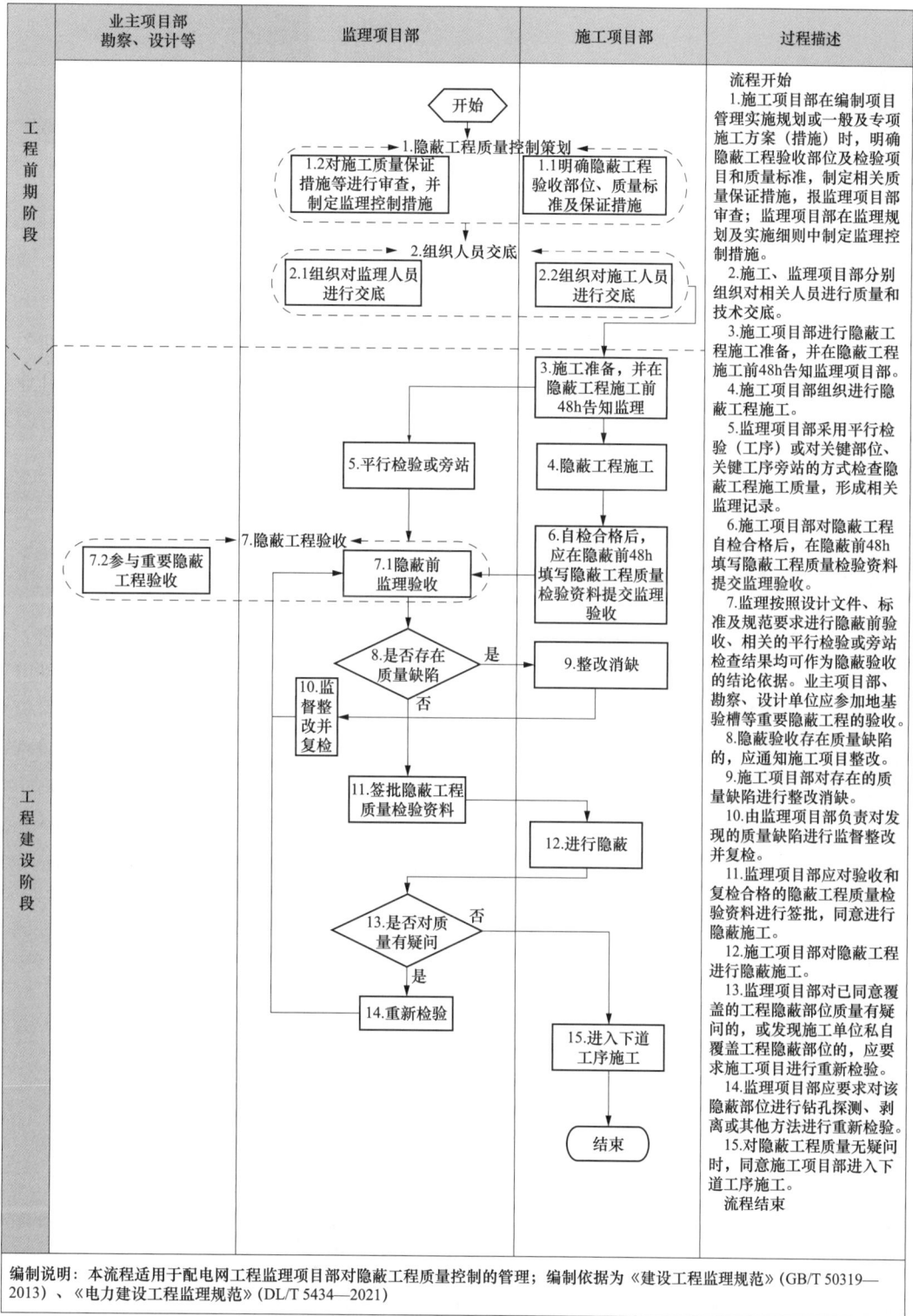

工程前期阶段 / 工程建设阶段

流程开始
1.施工项目部在编制项目管理实施规划或一般及专项施工方案(措施)时,明确隐蔽工程验收部位及检验项目和质量标准,制定相关质量保证措施,报监理项目部审查;监理项目部在监理规划及实施细则中制定监理控制措施。

2.施工、监理项目部分别组织对相关人员进行质量和技术交底。

3.施工项目部进行隐蔽工程施工准备,并在隐蔽工程施工前48h告知监理项目部。

4.施工项目部组织进行隐蔽工程施工。

5.监理项目部采用平行检验(工序)或对关键部位、关键工序旁站的方式检查隐蔽工程施工质量,形成相关监理记录。

6.施工项目部对隐蔽工程自检合格后,在隐蔽前48h填写隐蔽工程质量检验资料提交监理验收。

7.监理按照设计文件、标准及规范要求进行隐蔽前验收、相关的平行检验或旁站检查结果均可作为隐蔽验收的结论依据。业主项目部、勘察、设计单位应参加地基验槽等重要隐蔽工程的验收。

8.隐蔽验收存在质量缺陷的,应通知施工项目整改。

9.施工项目部对存在的质量缺陷进行整改消缺。

10.由监理项目部负责对发现的质量缺陷进行监督整改并复检。

11.监理项目部应对验收和复检合格的隐蔽工程质量检验资料进行签批,同意进行隐蔽施工。

12.施工项目部对隐蔽工程进行隐蔽施工。

13.监理项目部对已同意覆盖的工程隐蔽部位质量有疑问的,或发现施工单位私自覆盖工程隐蔽部位的,应要求施工项目进行重新检验。

14.监理项目部应要求对该隐蔽部位进行钻孔探测、剥离或其他方法进行重新检验。

15.对隐蔽工程质量无疑问时,同意施工项目部进入下道工序施工。

流程结束

编制说明:本流程适用于配电网工程监理项目部对隐蔽工程质量控制的管理;编制依据为《建设工程监理规范》(GB/T 50319—2013)、《电力建设工程监理规范》(DL/T 5434—2021)

图 4-2　隐蔽工程质量控制流程图

	业主项目部	监理项目部	施工项目部	过程描述
施工准备阶段	1.2 备份	开始 1.设置旁站点 1.1 在监理规划及实施细则中设置旁站点 2.方案交底 2.1 组织对监理人员进行交底	1.3 备份 2.2 熟悉旁站监理要求，做好旁站监理配合工作 3.进行施工准备，施工前24h书面告知监理	流程开始 1.在监理规划及实施细则中设置质量旁站点，抄送业主项目部、施工项目部。 2.监理项目部组织监理人员对旁站计划、旁站点及旁站工作要求进行交底；施工项目部应熟悉旁站监理内容，了解旁站监理要求，做好旁站监理配合工作。 3.施工项目部进行施工准备，对设有旁站点的作业项目，施工项目部在施工前24h书面告知监理项目部。
施工过程阶段	9.1 签署旁站记录	4.旁站项目施工前检查 5.是否同意施工 （否 / 是） 6.施工作业及旁站监理 6.1 安排监理人员现场旁站检查，填写旁站记录 7.是否发现质量问题 （是 / 否） 9.签署旁站记录 10.旁站监理记录收集、审查、整理、存档 结束	6.2 进行旁站项目施工 8.处理或整改 9.2 签认旁站记录	4.旁站项目施工前，专业监理工程师检查旁站项目是否具备施工条件。 5.同意旁站项目施工，由监理项目部安排执行旁站，否则要求施工项目部整改检查提出的问题，满足施工条件后，再次书面告知监理项目部。 6.施工项目部进行旁站项目施工，质检人员到场负责施工质量；监理项目部应安排具体旁站人员现场跟班监督，持续进行旁站监理检查，记录旁站的监理部位、关键工序施工情况和发现问题的处理情况。总监理工程师或专业监理工程师对旁站工作进行监督检查。 7.监理人员旁站检查发现质量问题时，提出监理措施，要求施工项目部进行整改。 8.施工项目部对存在的质量问题进行整改。 9.由旁站监理人员和现场质检员共同签认旁站记录。 10.监理项目部及时收集现场旁站记录，由专业监理工程师或总监理工程师对旁站监理记录进行检查，并安排人员进行整理、存档。 流程结束

编制说明：本流程适用于监理项目部对关键部位、关键工序进行的旁站管理

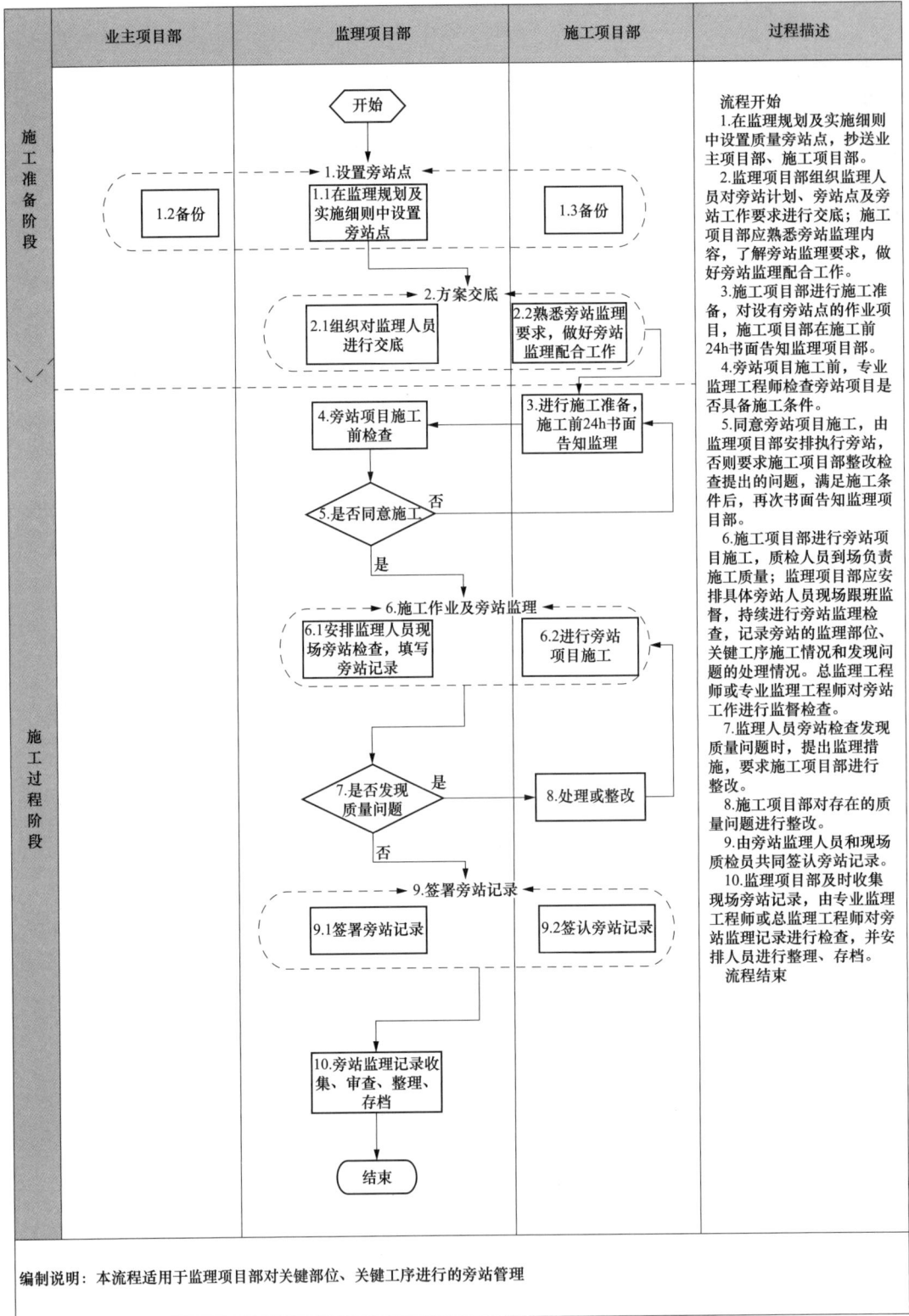

图 4-3　旁站监理工作流程图

业主项目部	监理项目部	施工项目部	过程描述

流程图内容：

开始

1.初检方案
- 1.2备份（业主项目部）
- 1.1在监理规划中制定竣工预验收方案（监理项目部）
- 1.3备份（施工项目部）

2.竣工预验收方案交底
- 2.1对竣工预验收方案进行交底（监理项目部）
- 2.2熟悉竣工预验收方案，配合竣工预验收工作（施工项目部）

3.提出中间验收阶段或竣工预验收阶段初检申请（施工项目部）

4.审查报验资料（监理项目部）

5.是否具备验收条件 —否→（返回3）
↓是

6.以联系单形式通知竣工预验收

7.竣工预验收
- 7.1组织竣工预验收（监理项目部）
- 7.2配合竣工预验收（施工项目部）

8.是否存在质量缺陷 —是→ 9.整改消缺（施工项目部）
↓否

10.监督整改并复检（监理项目部）

11.编写竣工预验收报告

12.报验申请表
- 12.2组织审查（业主项目部）
- 12.1提出报验申请表（监理项目部）

结束

过程描述：

流程开始
1.监理项目部编写监理规划时明确竣工预验收方案，并抄送施工项目部。
2.监理项目部组织相关监理人员对竣工预验收方案进行交底，施工项目部应熟悉竣工预验收方案，了解竣工预验收工作要求，配合竣工预验收工作的开展。
3.施工项目部对已完工程三级自检验收合格后，向监理项目部提出工程质量中间验收阶段或竣工预验收阶段初检申请。
4.监理项目部在接到施工项目部提出的竣工预验收申请后，由总监理工程师主持各专业监理工程师审查报验资料。
5.经监理项目部审查，已完工程三级自检验收结果符合要求，相关自检验收记录完善，具备验收条件后，同意进行竣工预验收，否则退回施工项目部整改。
6.监理项目部发监理工作联系单，通知施工项目部，明确具体的验收内容、验收组织机构及验收时间安排。
7.由监理项目部按照要求组织竣工预验收。施工项目部配合竣工预验收，以过程随机检查和阶段性检查的方式进行，以确保覆盖面。监理巡视、旁站、平行检验过程中积累的不可变记录，可作为验收依据。
8.验收中发现的施工质量问题，由监理项目部以监理通知单形式通知施工项目部。
9.施工项目部应限期完成初检存在问题的整改消缺；设计、设备质量问题和缺陷由业主项目部协调责任单位整改消缺。
10.监理项目部应监督整改消缺并及时复查签认。
11.复检合格后，监理项目部应及时整理验收记录，编写验收报告。
12.由监理项目部向建设管理单位报验收申请表。
流程结束

左侧竖排：工程前期阶段

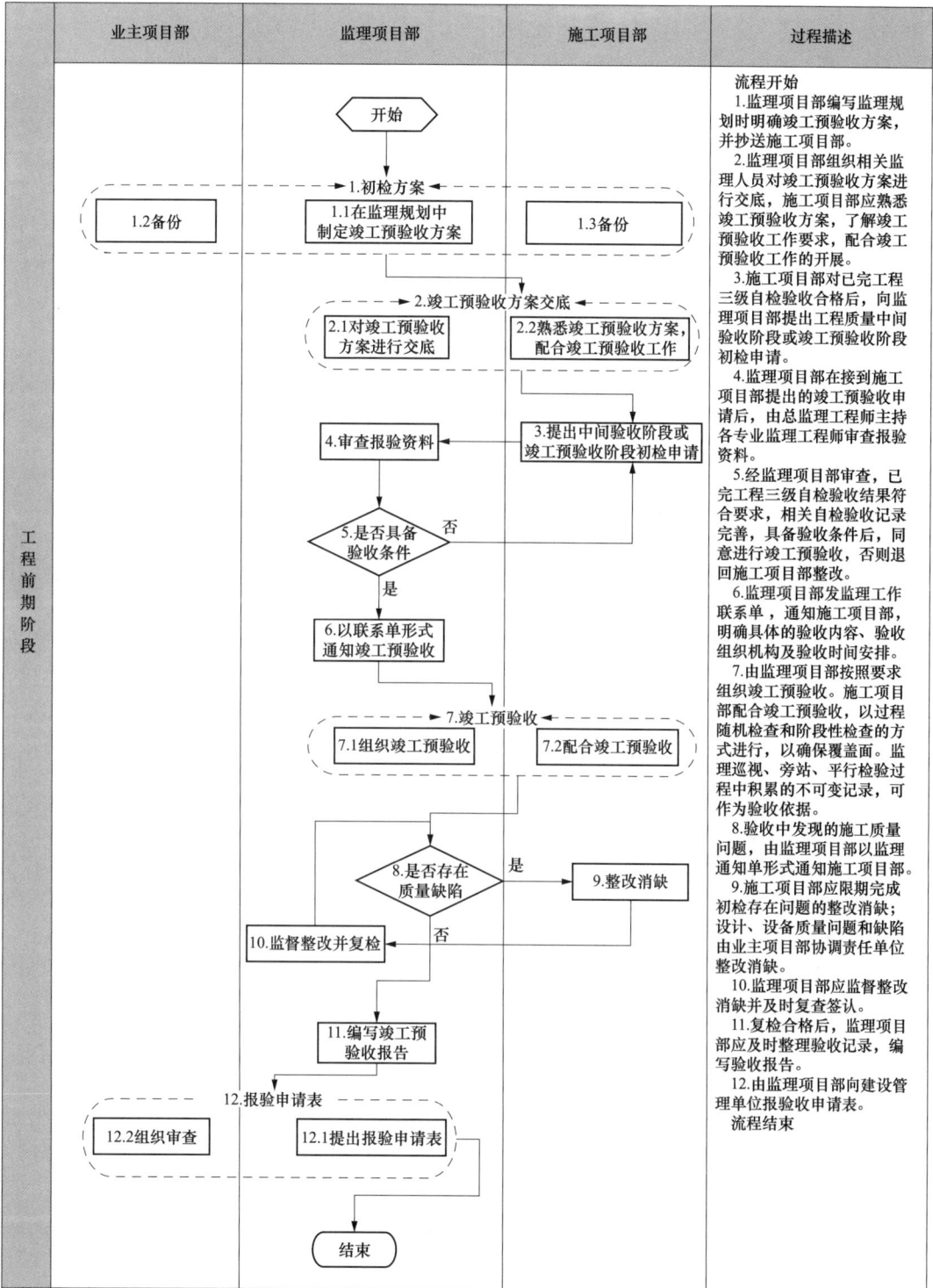

编制说明：本流程适用于竣工预验收工作的管理

图 4-4 竣工预验收工作流程图

27

5 造价管理

造价管理的主要内容包括工程量管理、工程款支付审查、设计变更与现场签证、工程结算等。

5.1 工作内容与方法

5.1.1 工程量管理

（1）参与业主项目部组织的设计工程量审核。

（2）在工程实施阶段，根据施工设计图纸、工程设计变更和经各方确认的现场签证单，配合业主项目部对因工程设计变更、现场签证所涉及的工程量进行核实，提供相关工程量文件。

（3）在竣工结算阶段，配合业主项目部审核竣工工程量，对施工项目部报送的竣工结算文件中的工程量增减情况进行审核，提出监理意见，编制完成竣工工程量文件。

5.1.2 工程款支付审查

（1）审查施工项目部编制的工程资金使用计划，并报业主项目部按相关流程审批。

（2）依据施工合同审核预付款，并报业主项目部按相关流程审批。申请的预付款金额应与施工合同约定金额相符且开工准备工作已完成。

（3）审核进度款报审资料，签认后报业主项目部按相关流程审批。审核要点：支付节点符合施工合同约定的工程进度款节点；报审的工程量经监理项目部验收合格；进度款报审资料完整，数据准确；按施工合同扣除预付款等费用。

5.1.3 设计变更与现场签证

（1）对设计单位提供的设计变更方案进行审查，审查合格后报业主项目部进行审批。

（2）参与设计变更与现场签证验收，审查相关费用。

（3）监理项目部如对设计文件有变更建议，填写设计变更联系单（见附录 C 中 PJZJ002），提交设计单位。监理项目部应对设计单位出具的设计变更审批单及时完成审批。

（4）填写设计变更 / 现场签证单汇总表（见附录 C 中 PJZJ003）。

5.1.4 工程结算

（1）按监理合同约定提出监理费支付申请（见附录 C 中 PJZJ001）。

（2）依据已审批的设计变更、现场签证、索赔申请等相关结算资料，提出监理意见。

（3）根据当地疫情情况协助业主项目部审核施工项目部编制的疫情防控措施费。

（4）审核施工项目部编制的竣工结算书。

（5）协助业主项目部完成竣工结算资料和竣工结算报告。

5.2 工作流程

造价管理主要单项业务流程包括进度款审核流程、设计变更管理流程、现场签证（含一般签证和重大签证）管理流程，分别如图 5-1 ～ 图 5-4 所示。

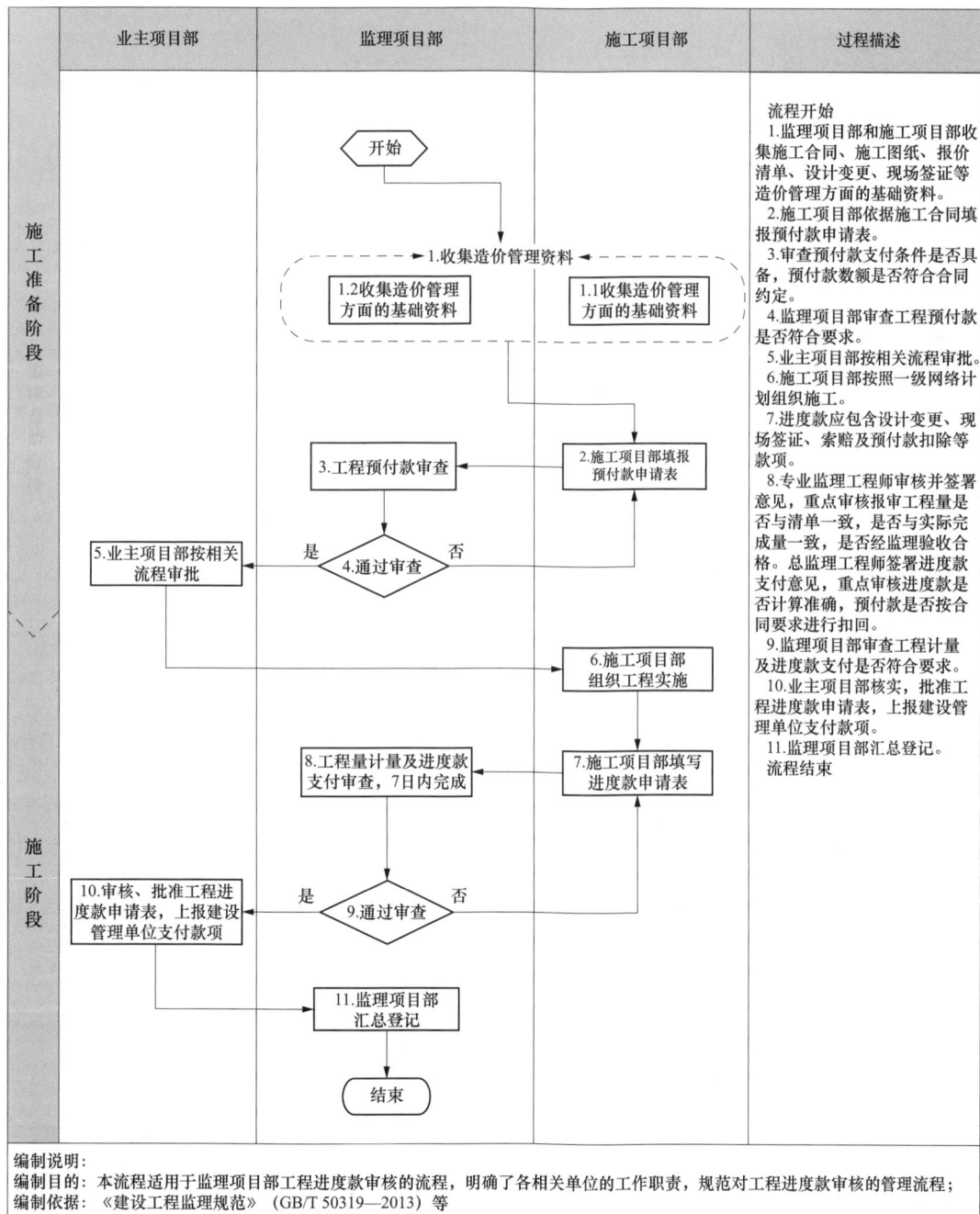

	业主项目部	监理项目部	施工项目部	过程描述
施工准备阶段		开始 → 1.收集造价管理资料 ← 1.2收集造价管理方面的基础资料　1.1收集造价管理方面的基础资料		流程开始 1.监理项目部和施工项目部收集施工合同、施工图纸、报价清单、设计变更、现场签证等造价管理方面的基础资料。 2.施工项目部依据施工合同填报预付款申请表。 3.审查预付款支付条件是否具备，预付款数额是否符合合同约定。 4.监理项目部审查工程预付款是否符合要求。 5.业主项目部按相关流程审批。 6.施工项目部按照一级网络计划组织施工。 7.进度款应包含设计变更、现场签证、索赔及预付款扣除等款项。 8.专业监理工程师审核并签署意见，重点审核报审工程量是否与清单一致，是否与实际完成量一致，是否经监理验收合格。总监理工程师签署进度款支付意见，重点审核进度款是否计算准确，预付款是否按合同要求进行扣回。 9.监理项目部审查工程计量及进度款支付是否符合要求。 10.业主项目部核实，批准工程进度款申请表，上报建设管理单位支付款项。 11.监理项目部汇总登记。 流程结束
	3.工程预付款审查　2.施工项目部填报预付款申请表			
	5.业主项目部按相关流程审批　是　4.通过审查　否			
施工阶段		6.施工项目部组织工程实施		
	8.工程量计量及进度款支付审查，7日内完成　7.施工项目部填写进度款申请表			
	10.审核、批准工程进度款申请表，上报建设管理单位支付款项　是　9.通过审查　否			
	11.监理项目部汇总登记			
	结束			

编制说明：
编制目的：本流程适用于监理项目部工程进度款审核的流程，明确了各相关单位的工作职责，规范对工程进度款审核的管理流程；
编制依据：《建设工程监理规范》（GB/T 50319—2013）等

图 5-1　进度款审核流程图

建设管理单位	业主项目部	监理项目部	设计单位	施工项目部	过程描述
					流程开始 1.建设管理单位、业主项目部、监理项目部、施工项目部及设计单位（设计单位提出时不用出设计变更联系单）提出设计变更时，向设计单位提出设计变更联系单。 2.设计单位在接到设计变更联系单后判断是否需要变更。 3.不需要变更时，施工项目部按原设计文件执行。 4.需要变更时，设计单位在接到设计变更联系单后完成设计变更文件（设计变更方案或建议、设计变更费用计算书等），并填报设计变更审批单交给施工项目部征询意见。 5.施工项目部接到设计变更审批单后签署施工单位意见，并交监理项目部审查。 6.监理项目部接到设计变更审批单后签署监理意见，并交业主项目部审核。 7.业主项目部接到设计变更审批单后签署审核意见，报建设管理单位批准。 8.建设管理单位接到设计变更审批单后判断是否属于重大设计变更。 9.如不属于重大变更，则签署审批意见并返还给业主项目部。 10.如属于重大设计变更，则在签署审批意见后交上级主管部门审批，审批完成后返还给业主项目部。 11.业主项目部组织相关单位实施设计变更，并将设计变更审批单交监理项目部汇总。 12.监理项目部对设计变更审批单进行登记汇总，并督促施工单位实施设计变更。 13.施工项目部负责实施设计变更，在变更实施完成后向监理项目部报验。 14.监理项目部组织对报验的设计变更进行验收，验收合格后将变更资料交给业主项目部。 流程结束

（流程图内容）

开始

1.提出设计变更联系单

1.1提出设计变更意见　1.2提出设计变更意见　1.3提出设计变更意见　1.4提出设计变更意见　1.5提出设计变更意见

2.是否需要设计变更 —否→ 3.按原设计文件执行

是↓

4.编制设计变更文件　5.签署施工单位意见

8.是否属于重大设计变更　7.审核设计变更并报建设管理单位审批　6.审查设计变更文件

是↓　否↓

9.审批设计变更　11.组织设计变更的实施　12.对设计变更进行汇总并督促施工单位实施　13.负责变更实施，并向监理项目部报验

10.上级主管部门审批设计变更

14.监理项目部组织验收

结束

编制说明：本流程适用于监理项目部对设计变更的管理，明确了各相关单位的工作职责，规范了工程设计变更的管理流程；编制依据为《建设工程管理规范》(GB/T 50319—2013)、《国网山东省电力公司设备部关于印发〈配网工程现场签证管理流程〉的通知》(设备配电〔2022〕4号) 等

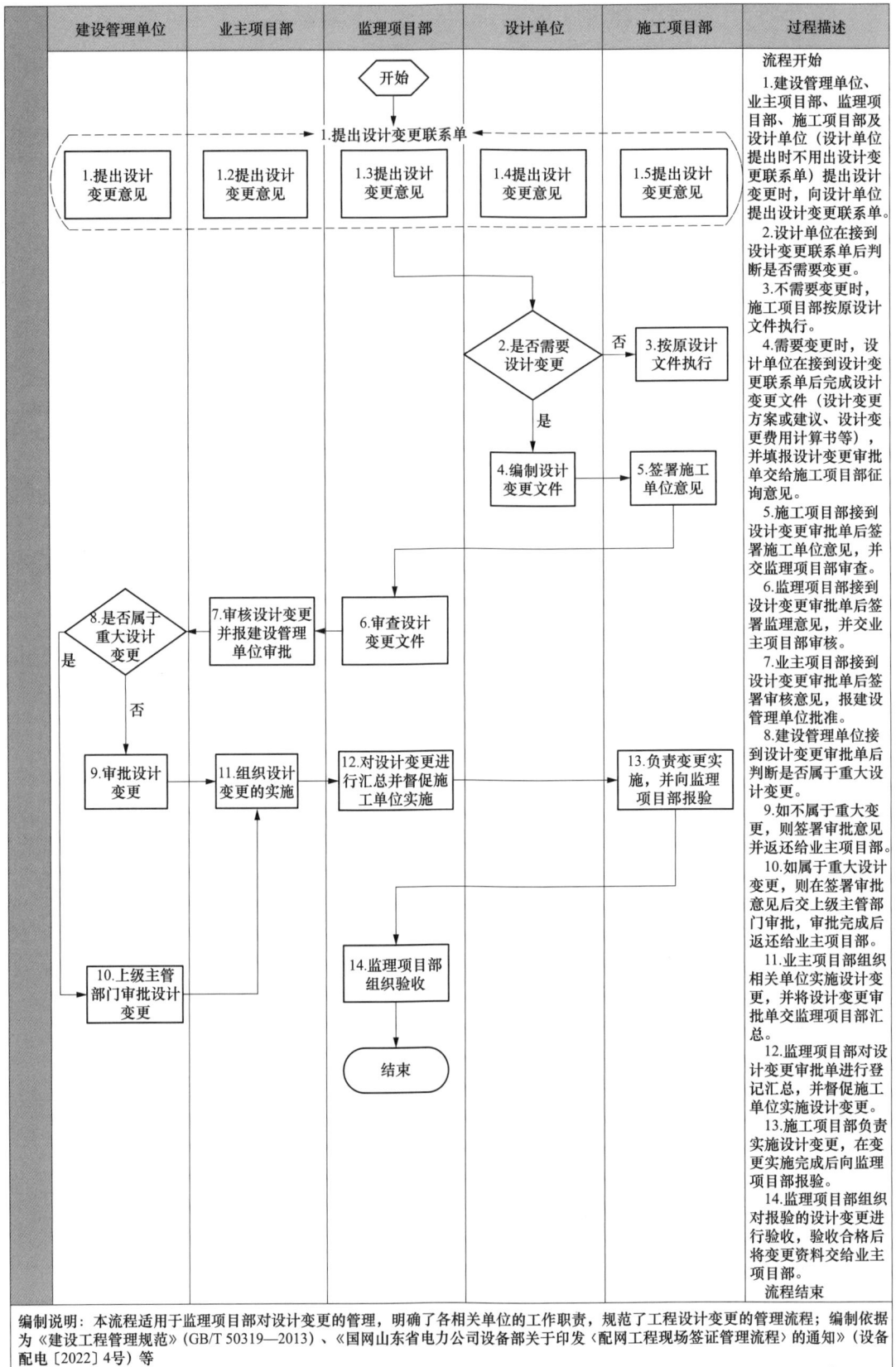

图 5-2　设计变更管理流程图

建设管理单位（业主）	监理单位	设计单位	施工单位	过程描述
			开始	流程开始 1.施工单位向监理单位提出现场签证申请，并出具一般签证审批单。 2.监理与设计单位一起审查现场签证方案并报建设管理单位（业主）审批。 3.建设管理单位（业主）接到方案后按相关规定完成审批。 4.监理单位接到经批准的现场签证方案后完成汇总，并督促施工单位实施。 5.施工单位实施经批准的现场签证方案，完成后向监理单位报验。 6.接到报验后，监理单位进行监理验收。 7.验收完成后，由监理单位完成现场签证的整理归档。 流程结束
			1.提出现场签证并出具一般签证审批单	
	2.审查现场签证方案并报建设管理单位（业主）审批 2.1审查现场签证方案　2.2审查现场签证方案			
3.审查现场签证方案，并按规定完成审批				
	4.汇总现场签证并监督施工单位实施		5.组织现场签证方案实施，完成后向监理单位报验	
	6.组织现场签证的监理验收			
	7.整理归档			
	结束			

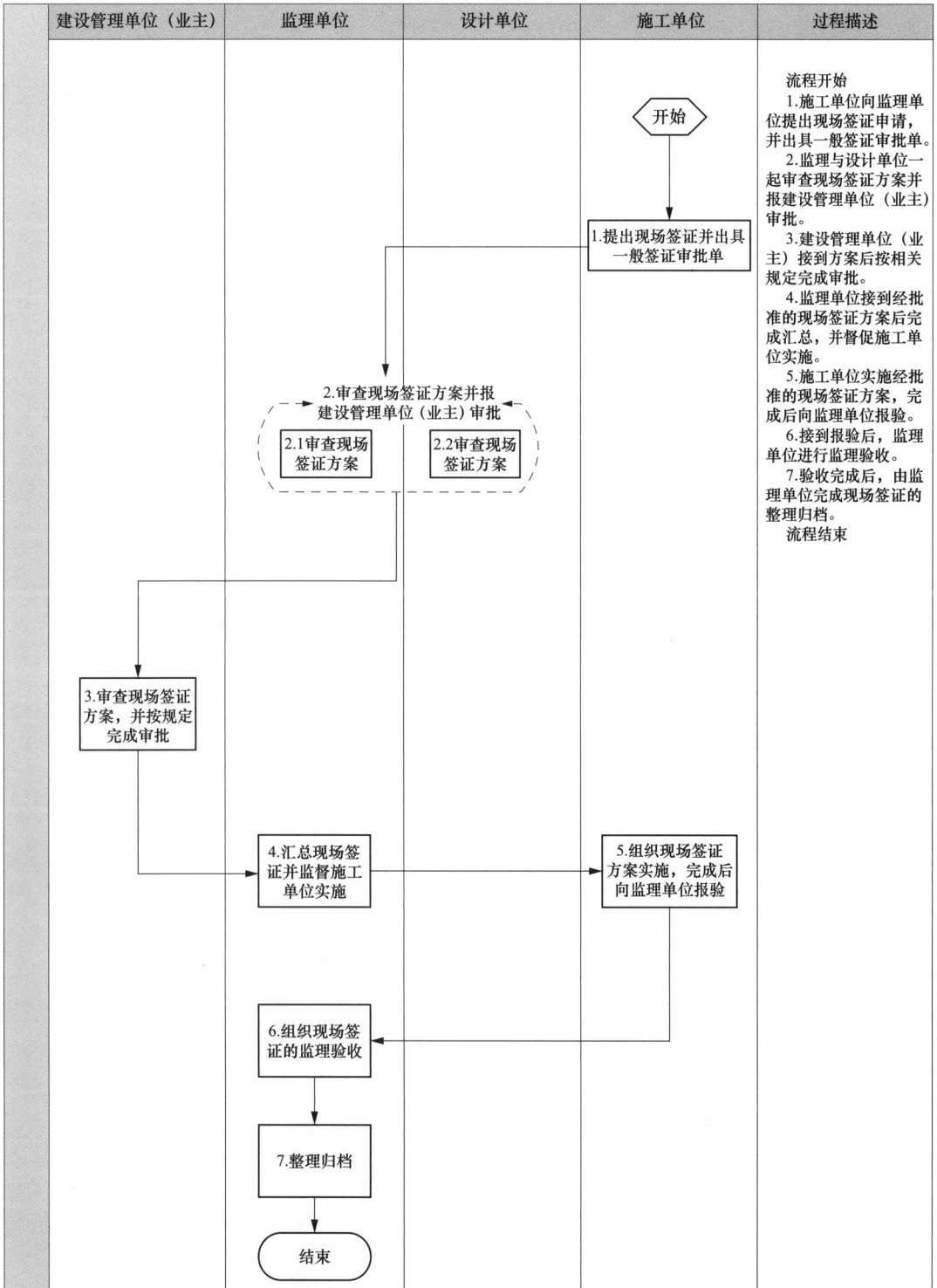

编制说明：本流程适用于对现场一般签证的管理，明确了各相关单位的工作职责，规范了工程现场一般签证的管理流程；编制依据为《建设工程监理规范》GB/T 50319—2013《电力建设工程监理规范》（DL/T 5434—2021）、《国网山东省电力公司设备关于印发〈配网工程现场签证管理流程〉的通知》（设备配电〔2022〕4号）等

图 5-3　一般签证管理流程图

省公司设备部	建设管理单位（业主）	监理单位	设计单位	施工单位	过程描述
				开始	流程开始
				1.提出现场签证并填报现场签证审批单	1.施工单位向监理单位提出现场签证申请。
		2.是否涉及设计文件变化 —是→ 3.转入设计变更流程			2.监理单位接到申请后判断该签证是否涉及设计文件的变化。
		否			3.现场签证若涉及设计文件变化，则转入设计变更流程。
		4.审查现场签证方案 4.1审查现场签证方案	4.2审查现场签证方案		4.现场签证若不涉及设计文件变化，则监理单位与设计单位一起审查现场签证方案，并报送建设管理单位（业主）审核。
是	5.是否为重大现场签证 否				5.建设管理单位（业主）审核方案并判断是否为重大签证。
6.现场签证审批单审批 6.1审批	6.2审批				6.若为重大现场签证，则上报省公司设备部审批；若为一般现场签证，则由建设管理单位（业主）审批。
		7.汇总经批准的现场签证并督促施工单位实施		8.组织现场签证方案实施，完成后向监理单位报验	7.监理单位接到经批准的现场签证方案后完成汇总，并督促施工单位实施。
		9.组织现场签证的监理验收			8.施工单位实施经批准的现场签证方案，完成后向监理单位报验。
		10.整理归档			9.接到报验后，监理单位进行监理验收。
		结束			10.验收完成后，由监理单位完成现场签证的整理归档。
					流程结束

编制说明：本流程适用于监理项目部对重大工程签证的管理，明确了各相关单位的工作职责，规范了重大工程签证的管理流程；编制依据为《建设工程监理规范》(GB/T 50319—2013)、《电力建设工程监理规范》(DL/T 5434—2021)、《国网山东省电力公司设备关于印发〈配网工程现场签证管理流程〉的通知》(设备配电〔2022〕4号)

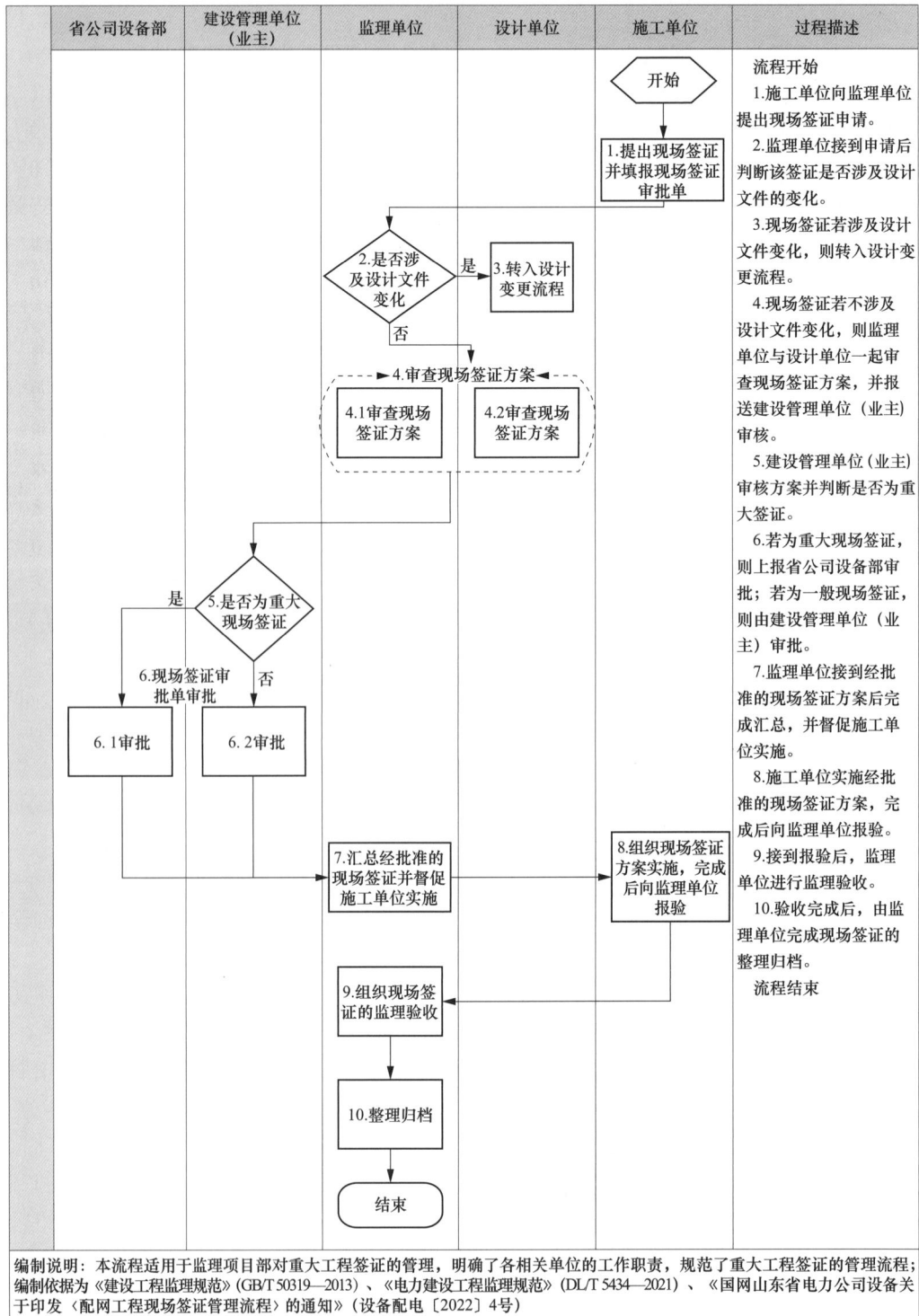

图 5-4　重大签证管理流程图

6 技术管理

技术管理主要内容包括技术标准监督执行、施工阶段设计管理、施工技术监督管理、新技术研究与应用等。

6.1 工作内容与方法

6.1.1 技术标准监督执行

（1）掌握最新技术标准及规定，建立监理项目部技术标准目录清单（见附录 C 中 PJJS001），并及时更新。

（2）根据工程进展，对所有监理人员适时组织开展有关技术标准、规程、规范及技术文件的学习与培训，使其熟练掌握技术标准，填写安全/质量活动记录（见附录 C 中 PJXM011）。

（3）贯彻执行并督促其他参建单位执行国家、行业和国网公司颁发的相关技术标准、规程、规范及技术文件。

（4）收集技术标准执行中存在的问题、各标准间差异条款，提出修订意见，填写技术标准问题及标准间差异汇总表（见附录 C 中 PJJS002）。

6.1.2 施工阶段设计管理

（1）熟悉施工图纸，对施工图进行预检，汇总施工项目部施工图预检意见，形成施工图预检记录表（见附录 C 中 PJJS003）。施工图预检要点：

1）施工图应与拟采用的材料、构配件、设备的技术要求保持一致。

2）施工图必须具备施工可行性。

3）施工图设计深度应满足国网公司技术标准及文件要求。

4）施工图设计应符合现场施工条件。

5）改造工程的新、旧设备之间应衔接吻合，施工过渡措施应具备可行性；除按图纸检查外，还应按现场实际情况校核。

6）施工图设计应满足生产运行对安全、经济的要求和检修作业的合理需要。

7）设备布置及构件尺寸应满足其运输及吊装要求。

（2）参加由业主项目部组织的图纸会检、设计交底会议，起草施工图会检纪要（见附录 C 中 PJJS004），并报业主项目部签发，督促落实会议纪要的执行情况；由设计单位编写设计交底会议纪要，并报业主项目部签发。

（3）参加业主项目部组织的设计联络会，监督有关工作的落实。

（4）审核确认工程设计变更及现场签证的技术内容并督促落实，组织现场验收，签署设计变更（现场签证）执行报验单。

（5）审核并确认竣工图。竣工图审查要点：

1）竣工图编制单位应将设计变更、工程联系单、材料变更等涉及变更的全部文件汇总并经施工方（供应商）确认、监理审核后，作为竣工图编制的依据。

2）应编制竣工图总说明、卷册说明和图纸目录。竣工图总说明的内容应包括竣工图涉及的工程概况、编制人员、编制时间、编制依据、编制方法、变更情况、竣工图张数和套数等；各卷册说明应附有本册图纸的修改清单，清单中应详细列出变更通知单编号，无修改的卷册应注明"本卷无修改"。

3）竣工图审核章应使用红色印泥，盖在图纸图标附近空白处；章中的内容应填写齐全、清楚，并由相关责任人签字，不得代签；经建设管理单位同意，可盖执业资格印章代替签字。

4）竣工图应按《技术制图 复制图的折叠方法》（GB/T 10609.3—2009）的规定统一折叠。

5）应在卷册说明、图纸目录和竣工图上逐张加盖监理单位相关责任人审核签字的竣工图审核章。

6.1.3 施工技术监督管理

（1）审查项目管理实施规划中的技术管理体系、专项施工方案，并报业主项目部审批；审批一般施工方案、作业指导书、技术措施等。发现问题填写文件审查记录表（见附录C中PJXM002），督促施工单位按要求整改。施工方案审查要点：

1）编制、报审时间逻辑顺序应正确。

2）施工单位内部编审程序应符合要求。

3）施工方案框架内容应完整，施工方案的质量、安全等措施应有针对性。

4）施工方案应符合工程建设强制性标准，所引用标准、规范应为现行有效版本。

5）施工方案应做到技术可靠、合理，具有科学性、先进性、实用性和可操作性。

6）施工方案应按照设计意图，综合考虑设备特性、到货情况、施工现场情况、工程性质、工程量等各方因素，安排好施工前的各项准备工作，合理化工序衔接，使工程实施均匀连续进行。

7）施工方案（含安全技术措施）应附安全验算结果，计算应真实、准确。

8）对于超过一定规模的危险性较大的工程，应在监理审查完成后，由施工单位按要求组织专家论证并按专家审查意见进行修改，修改后的方案应完成报审流程。

（2）参与施工项目部组织的专项施工方案安全技术交底。

（3）监督检查施工项目部对技术标准、项目管理实施规划及各种施工方案的执行情况。

（4）工程施工过程中，发生管理关系、施工方法、施工资源配置、工期调整、工程变更等变化时，要求施工项目部重新对方案进行修订、履行内部编审批程序，并按原程序进行报审。

6.1.4 新技术研究与应用

（1）监督施工单位执行国网公司在配电网建设改造新技术推广应用方面的有关要求，结合工程具体情况，从《国家电网公司施工重点推广新技术目录》《国家电网公司科技创新成果推广目录》中选取适用的施工新技术，合理配置相关施工装备，按照相关技术规范实施应用。当施工单位选用《国家电网公司重点推广新技术目录》以外的新技术时，监督施工项目部进行专题论证，审查相应安全技术措施，配合、监督配电网新技术应用成果在工程中的具体实施。

（2）配合、监督研究项目实施情况，必要时参与研究项目验收。

6.2 工作流程

技术管理主要单项业务流程为施工方案审查流程，如图 6-1 所示。

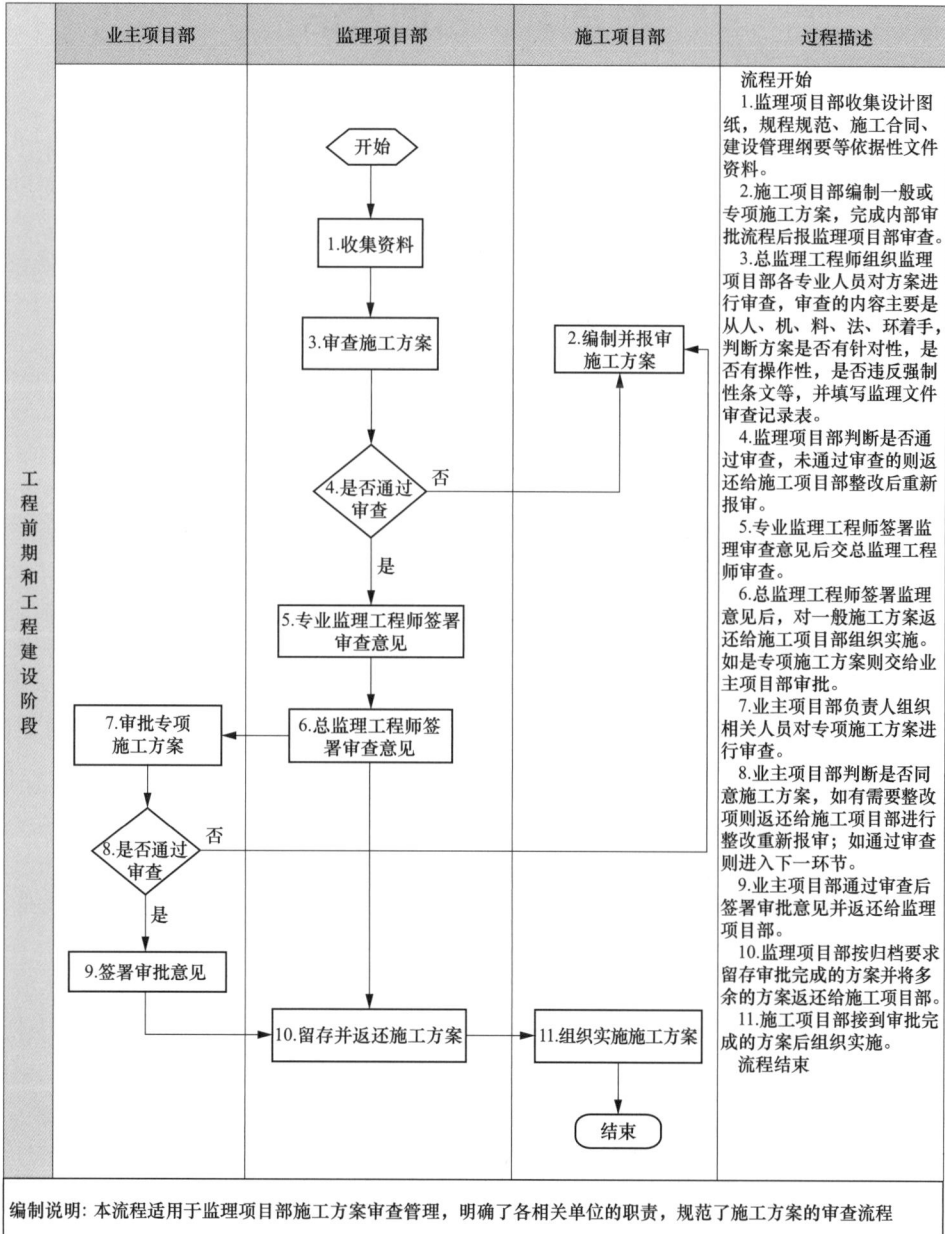

图 6-1 施工方案审查流程图

附录 A 名词术语

1. 省公司

省公司是指国网公司直属建设分公司及省、自治区、直辖市电力公司。

2. 地市公司

地市公司是指省公司下属的地市级供电公司。

3. 县公司

县公司是指地市公司下属的县级供电公司。

4. 建设管理单位

建设管理单位是指受项目法人单位委托对电网项目进行建设管理的各级单位。

5. 监理项目部

监理项目部是指监理单位派驻电力建设工程项目，负责履行委托监理合同的组织机构。

6. 总监理工程师

总监理工程师是指由工程监理单位法定代表人书面任命，负责履行建设工程监理合同、主持项目监理机构工作的注册监理工程师。

7. 监理规划

监理规划是指在监理单位与建设管理单位签订委托监理合同之后，由总监理工程师主持编制，经监理单位技术负责人书面批准，用来指导监理项目部全面开展监理工作的指导性文件。

8. 监理实施细则

监理实施细则是指根据批准的监理规划，由专业监理工程师编写，并经总监理工程师书面批准，针对工程项目中某一专业或某一方面监理工作的操作性文件。

9. 监理例会

监理例会是指在工程实施过程中，由监理项目部主持、有关单位参加的针对工程质量、造价、进度、合同管理及安全监理与环境保护等事宜定期召开的会议。

10. 标准工艺

标准工艺是指对省公司配电网工程质量管理、工艺设计、施工工艺和施工技术等方面成熟经验、有效措施的总结与提炼而形成的系列成果，由最新版的配电网工程典型设计和标准工艺图册、施工技术交底手册等组成，经省公司统一发布、推广应用。

11. 设计变更

设计变更是指工程实施过程中，因设计单位的勘察设计深度、设计文件内容、工程建设环境、政策法规和标准规范发生变化，或施工、建设管理等单位要求改变，引起的对施工图设计文件的改变。

12. 工程计量

工程计量是指根据设计文件及施工承包合同中关于工程量计算的规定，项目监理机构对承包单位申报的已完成的合格工程的工程量进行的核验、见证。

13. 文件审查

文件审查是指监理人员依据国家有关的法律法规、规程规定、工程建设标准强制性条文以及国网公司相关管理制度，对施工项目部编制的报审文件进行审查并签署意见的监理活动。

14. 监理日志

监理日志是指项目监理机构每日对监理工作及施工进展情况所做的记录。

15. 监理月报

监理月报是指项目监理机构每月向建设单位提交的关于监理工作及工程实施等情况的分析总结报告。

16. 见证点

见证点是指针对工程重要部位、关键工序、主要试验检验项目，项目监理机构在工程现场对涉及工序施工质量安全、工程结构安全的试块试件、主要工程材料及构配件取样，工程现场试验检验等作业过程进行检查、监督的控制点。

17. 旁站

旁站是指项目监理机构对工程重要部位、关键工序、主要试验检验项目作业过程现场进行的监督活动。

18. 巡视

巡视是指监理人员对正在施工的部位或工序在现场进行的定期或不定期的监督活动。

19. 平行检验

平行检验是指项目监理机构在施工单位自检的同时，按有关规定和建设工程监理合同约定对同一检验项目进行的检测试验活动。

20. 费用索赔

费用索赔是指根据承包合同的约定，合同一方因另一方原因造成本方经济损失，通过监理工程师向对方索取费用的活动。

21. 见证取样

见证取样是指项目监理机构对施工单位进行的涉及工程结构安全、设备性能和工艺系统安全的试块试件、主要工程材料及构配件的取样、封样、送样环节的监督活动

22. 签证

签证是指对重要施工设施在投入使用前和重大工序转接前进行的检查及确认活动。

23. 风险识别

风险识别是指识别风险因素的存在并确定其特性的过程。风险识别首先要确定风险因素的存在，然后确定风险因素的性质，即应识别出不同作业活动或设备风险因素的种类与分布，以及伤害或产生损失的方式、途径和性质。

24. 风险评估

风险评估是指评估风险大小以及确定风险是否允许的全过程。

25. 风险管理

风险管理是指运用系统的观念和方法研究风险与环境之间的关系，运用安全系统工程的理念识别、评价、量化、分析风险，并在此基础上有效控制风险，用最经济合理的方法来综合处置风险，以实现最大安全保障和最经济的科学管理方法。

26. 工程现场签证

工程现场签证是指施工过程中出现与合同规定的情况、条件不符的事件时，针对施工图纸、设计变更所确定的工程内容以外，施工图预算或预算定额取费中未包含，而施工过程中确需发生费用的施工内容所办理的签证（不包括设计变更的内容）。

工程现场签证按金额分为一般签证和重大签证：重大签证是指单项签证投资增减额超过 10 万元的签证；一般签证是指除重大签证以外的签证。

27. 疫情防控措施费

疫情防控措施费是指在房屋建筑和市政工程施工现场采取常态化疫情防控措施所发生的直接费用，包括核酸检测、防护用品、消杀用品、测温器具、隔离围挡、宣传展板、专职防控人员等费用。不包括出现疫情事件以及应急处置、封闭管理状态下人员隔离转运、停工等发生的费用。

28. 电力线路"三跨"

电力线路"三跨"是指线路跨越高速铁路、高速公路和重要输电通道。

29. "一板五卡"

"一板"指检修现场安全看板，"五卡"指工作任务卡（工作票）、二次工作安全措施卡、班组作业风险控制卡、工序质量控制卡以及组织、安全、技术三大措施卡。

30. "三交三查"

"三交"指交任务、交安全、交措施，"三查"指查工作着装、查精神状态、查个人安全用具。

附录 B 监理项目部基本规范和标准配置表

分类	序号	名　称	备　注
法律法规	1	中华人民共和国民法典	中华人民共和国主席令第 45 号
	2	中华人民共和国环境保护法	中华人民共和国主席令第 9 号，2014 年 4 月 24 日修订
	3	中华人民共和国土地管理法	中华人民共和国主席令第 28 号，2019 年 8 月 26 日修订
	4	中华人民共和国水土保持法	中华人民共和国主席令第 39 号，2010 年 12 月 15 日修订
	5	中华人民共和国电力法	中华人民共和国主席令第 60 号，2018 年 12 月 9 日修订
	6	中华人民共和国安全生产法	中华人民共和国主席令第 13 号，2021 年 6 月 10 日修订
	7	中华人民共和国建筑法	中华人民共和国主席令第 46 号，2019 年 4 月 23 日修订
	8	中华人民共和国水土保持法实施条例	中华人民共和国国务院令第 120 号，2011 年 1 月 8 日修订
	9	建设项目环境保护条例	中华人民共和国国务院令第 253 号，2017 年 7 月 16 日修订
	10	中华人民共和国土地管理法实施条例	中华人民共和国国务院令第 256 号，2014 年 7 月 29 日修订
	11	建设工程质量管理条例	中华人民共和国国务院令第 279 号
	12	建设工程安全生产管理条例	中华人民共和国国务院令第 393 号
	13	生产安全事故报告和调查处理条例	中华人民共和国国务院令第 493 号
	14	建设项目用地预审管理办法	中华人民共和国国土资源部令第 42 号，2016 年 11 年 25 日修订
	15	建筑工程施工发包与承包计价管理办法	中华人民共和国住房和城乡建设部令第 16 号
	16	建设工程价款结算试行办法	财建〔2004〕369 号
	17	建筑安装工程费用项目组成	建标〔2013〕44 号
	18	工程建设标准强制性条文 房屋建筑部分	2013 年版
	19	工程建设标准强制性条文 电力工程部分	2016 年版

分类	序号	名　　称	备　注
国家现行标准及文件	20	建设工程项目管理规范	GB/T 50326—2017
	21	建设工程监理规范	GB/T 50319—2013
	22	城市电力规划规范	GB/T 50293—2014
	23	建设工程工程量清单计价规范	GB 50500—2013
	24	质量管理体系　基础和术语	GB/T 19000—2016
	25	质量管理体系　要求	GB/T 19001—2016
	26	供配电系统设计规范	GB 50052—2009
	27	3～110kV 高压配电装置设计规范	GB 50060—2008
	28	低压配电设计规范	GB 50054—2011
	29	20kV 及以下变电所设计规范	GB 50053—2013
	30	电力工程电缆设计标准	GB 50217—2018
	31	工程测量标准	GB 50026—2020
	32	湿陷性黄土地区建筑标准	GB 50025—2018
	33	钢筋混凝土用钢　第 1 部分：热轧光圆钢筋	GB 1499.1—2017
	34	钢筋混凝土用钢　第 2 部分：热轧带肋钢筋	GB 1499.2—2018
	35	通用硅酸盐水泥	GB 175—2007/XG3—2018
	36	土工试验方法标准	GB/T 50123—2019
	37	建设用砂	GB/T 14684—2022
	38	混凝土物理力学性能试验方法标准	GB/T 50081—2019
	39	建设工程施工现场供用电安全规范	GB 50194—2014
	40	电气装置安装工程　低压电器施工及验收规范	GB 50254—2014
	41	电气装置安装工程　电气设备交接试验标准	GB 50150—2016
	42	电气装置安装工程　电缆线路施工及验收标准	GB 50168—2018
	43	电气装置安装工程　接地装置施工验收及规范	GB 50169—2016
	44	电气装置安装工程　母线装置施工及验收规范	GB 50149—2010
	45	电气装置安装工程　盘、柜及二次回路接线施工及验收规范	GB 50171—2012
	46	电气装置安装工程　电力变压器、油浸电抗器、互感器施工及验收规范	GB 50148—2010
	47	电气装置安装工程　66kV 及以下架空电力线路施工及验收规范	GB 50173—2014
	48	架空配电线路带电安装及作业工具设备	DL/T 858—2004
	49	电力金具通用技术条件	GB/T 2314—2008
	50	低压系统内设备的绝缘配合　第 1 部分：原理、要求和试验	GB/T 16935.1—2008

分类	序号	名　　称	备　注
国家现行标准及文件	51	低压系统内设备的绝缘配合　第2-1部分：应用指南GB/T 16935系列应用解释，定尺示例及介电试验	GB/T 16935.2—2013
	52	低压系统内设备的绝缘配合　第3部分：利用涂层、灌封和模压进行防污保护	GB/T 16935.3—2016
	53	低压系统内设备的绝缘配合　第4部分：高频电压应力考虑事项	GB/T 16935.4—2011
	54	低压系统内设备的绝缘配合　第5部分：不超过2mm的电气间隙和爬电距离的确定方法	GB/T 16935.5—2008
	55	绝缘配合　第1部分：定义、原则和规则	GB/T 311.1—2012
	56	配电线路带电作业技术导则	GB/T 18857—2019
	57	输电线路铁塔制造技术条件	GB/T 2694—2018
	58	圆线同心绞架空线导线	GB/T 1179—2017
	59	高压绝缘子瓷件　技术条件	GB/T 772—2005
	60	农村电网改造升级工程验收指南	国能综新能〔2013〕92号
	61	山东省中央预算内投资农村电网改造升级工程验收实施细则	鲁发改能交〔2016〕765号
行业现行标准及文件	62	电力建设房屋工程质量通病防治工作规定	电建质监〔2004〕18号
	63	电力建设工程监理规范	DL/T 5434—2021
	64	10kV及以下架空配电线路设计规范	DL/T 5220—2021
	65	城市电力电缆线路设计技术规定	DL/T 5221—2016
	66	架空绝缘配电线路设计技术规程	DL/T 601—1996
	67	跨越电力线路架线施工规程	DL/T 5106—2017
	68	架空输电线路杆塔结构设计技术规程	DL/T 5486—2020
	69	架空输电线路基础设计技术规程	DL/T 5219—2014
	70	建筑施工高处作业安全技术规范	JGJ 80—2016
	71	施工现场临时用电安全技术规范	JGJ 46—2005
	72	建筑工程冬期施工规程	JGJ/T 104—2011
	73	普通混凝土配合比设计规程	JGJ 55—2011
	74	电力工程地基处理技术规程	DL/T 5024—2020
	75	建筑地基处理技术规范	JGJ 79—2012
	76	钢筋焊接及验收规程	JGJ 18—2012
	77	普通混凝土用砂、石质量及检验方法标准	JGJ 52—2006
	78	混凝土用水标准	JGJ 63—2006
	79	回弹法检测混凝土抗压强度技术规程	JGJ/T 23—2011
	80	钢筋焊接接头试验方法标准	JGJ/T 27—2014

分类	序号	名　称	备　注
行业现行标准及文件	81	交流电气装置的过电压保护和绝缘配合	DL/T 620—1997
	82	电气装置安装工程质量检验及评定规程	DL/T 5161.1～5161.17—2018
	83	电力建设安全工作规程　第2部分：电力线路	DL 5009.2—2013
	84	输变电工程架空导线（800mm²以下）及地线液压压接工艺规程	DL/T 5285—2018
	85	输变电钢管结构制造技术条件	DL/T 646—2021
	86	架空绝缘配电线路施工及验收规程	DL/T 602—1996
	87	电力电缆线路运行规程	DL/T 1253—2013
	88	配电自动化技术导则	DL/T 1406—2015
	89	电力建设工程工程量清单计算规范　变电工程	DL/T 5341—2021
国网公司现行标准及文件	90	城市电力网规划设计导则	Q/GDW 156—2006
	91	配电自动化主站系统功能规范	Q/GDW 513—2010
	92	配电自动化终端子站功能规范	Q/GDW 514—2010
	93	电网视频监控系统及接口　第3部分：工程验收	Q/GDW 517.3—2012
	94	配电网运行规程	Q/GDW 1519—2014
	95	10kV架空配电线路带电作业管理规范	Q/GDW 520—2010
	96	电力光纤到户组网典型设计	Q/GDW 541—2010
	97	电力光纤到户运行管理规范	Q/GDW 542—2010
	98	电力光纤到户施工及验收规范	Q/GDW 543—2010
	99	地区电网自动电压控制（AVC）技术规范	Q/GDW 619—2011
	100	配电自动化建设与改造标准化设计技术规定	Q/GDW 1625—2013
	101	配电自动化系统运行维护管理规范	Q/GDW 626—2011
	102	配电网设备状态检修试验规程	Q/GDW 643—2011
	103	配电网设备状态检修导则	Q/GDW 644—2011
	104	配电网设备状态评价导则	Q/GDW 645—2011
	105	10kV电缆线路不停电作业技术导则	Q/GDW 710—2012
	106	10kV带电作业用绝缘防护用具、遮蔽用具技术导则	Q/GDW 711—2012
	107	10kV带电作业用绝缘平台	Q/GDW 712—2012
	108	有载调容配电变压器选型导则	Q/GDW 731—2012
	109	电网快速暂态电压记录系统技术条件	Q/GDW 732—2012
	110	智能变电站网络报文记录及分析装置检测规范	Q/GDW 733—2012
	111	配电网技术改造选型和配置原则	Q/GDW 741—2012

分类	序号	名　称	备　注
国网公司现行标准及文件	112	配电网施工检修工艺规范	Q/GDW 10742—2016
	113	配电网技改大修技术规范	Q/GDW 743—2012
	114	配电网技改大修项目交接验收技术规范	Q/GDW 744—2012
	115	配电网设备缺陷分类标准	Q/GDW 745—2012
	116	变电设备状态接入控制器技术规范	Q/GDW 749—2012
	117	12kV 固体绝缘环网柜技术条件	Q/GDW 730—2012
	118	国家电网有限公司十八项电网重大反事故措施（修订版）	国家电网设备〔2018〕979 号
	119	国家电网公司带电作业工作管理规定（试行）	国家电网生〔2007〕751 号
	120	配电网运维与检修管理标准和工作标准	国家电网运检〔2012〕770 号
	121	配电自动化试点建设与改造技术原则基本建设投资管理办法	国网生配电〔2009〕196 号
	122	10 千伏城市配电网技术改造指导意见	国网生配电〔2012〕9 号
	123	国家电网公司安全工作规定	国网（安监/2）406—2014
	124	电力生产事故调查规程	国家电网安监〔2011〕2024 号
	125	国家电网公司电力安全工器具管理规定	国网（安监/4）289—2014
	126	国家电网公司安全技术劳动保护七项重点措施（试行）	国家电网安监〔2006〕618 号
	127	国家电网公司安全风险管理体系实施指导意见	国家电网安监〔2007〕206 号
	128	国家电网公司应急工作管理规定	国网（安监/2）483—2014
	129	国家电网公司电力安全工作规程（配电部分）（试行）	国家电网安质〔2014〕265 号
	130	国家电网公司加强建设工程分包安全监督若干重点要求	国家电网安监〔2009〕998 号
	131	国家电网公司建设项目档案管理办法	国家电网办〔2010〕250 号
	132	基建类和生产类标准差异协调统一条款（输电线路部分）	国家电网办基建〔2008〕1 号
	133	基建类和生产类标准差异协调统一条款（变电部分）	国家电网办基建〔2008〕20 号
	134	电网设备技术标准差异条款统一意见	国家电网科〔2014〕315 号
	135	国家电网公司技术标准管理办法	国家电网科〔2007〕211 号
	136	国家电网公司电力建设工程施工技术管理导则	国家电网工〔2003〕153 号
	137	国家电网公司电力建设起重机械安全监督管理办法	国网（安监/4）482—2014
	138	国家电网公司农网改造升级工程管理办法	国家电网企管〔2014〕216 号
	139	国家电网公司农村用电安全工作管理办法	国家电网企管〔2014〕216 号
	140	国家电网公司安全隐患排查治理管理办法	国网（安监/3）481—2014
	141	低压综合配电箱选型技术原则和检测技术规范	Q/GDW 11221—2014
	142	配电网低励磁阻抗变压器接地保护装置技术规范	Q/GDW 11222—2014
	143	分布式电源调度运行管理规范	Q/GDW 11271—2014

分类	序号	名　　称	备　注
国网公司现行标准及文件	144	国家电网公司配电网工程典型设计（2016 年版）	中国电力出版社出版（2016 年）
	145	国家电网公司 380/220V 配电网工程典型设计（2018 年版）	中国电力出版社出版（2018 年）
	146	带电作业用消弧开关导则	Q/GDW 1738—2012
	147	国家电网公司配电网优质工程评选管理办法	国网（运检／3）922—2018
	148	国家电网公司配电网规划内容深度规定	Q/GDW 1865—2012
	149	10kV 三相非晶合金铁心配电变压器技术条件	Q/GDW 1771—2013
	150	10kV 三相非晶合金铁心配电变压器试验导则	Q/GDW 1772—2013
	151	10kV 带电作业用消弧开关技术条件	Q/GDW 1811—2013
	152	10kV 旁路电缆连接器使用导则	Q/GDW 1812—2013
	153	配电网架空绝缘线路雷击断线防护导则	Q/GDW 1813—2013
	154	电力电缆线路分布式光纤测温系统技术规范	Q/GDW 1814—2013
	155	储能系统接入配电网运行控制规范	Q/GDW 696—2011
	156	储能系统接入配电网监控系统功能规范	Q/GDW 697—2011
	157	分布式电源接入配电网测试技术规范	Q/GDW 666—2011
	158	分布式电源接入配电网运行控制规范	Q/GDW 667—2011
	159	配电自动化终端设备检测规程	Q/GDW 639—2011
国网山东电力现行文件及规范	160	10kV 配电变压器选型指导意见	鲁电运检〔2015〕874 号
	161	配电网设备选型和配置原则	鲁电运检〔2016〕50 号
	162	中低压配电网工程标准工艺	中国电力出版社出版（2015 年）
	163	山东省电力公司中低压配电网工程装置性违章及解析	中国电力出版社出版（2016 年）
	164	山东省电力公司配电网工程施工技术交底手册	中国电力出版社出版（2016 年）
	165	国网山东省电力公司中低压配电网工程管理办法	鲁电企管〔2016〕199 号
	166	国网山东省电力公司关于规范资产处置管理的指导意见	鲁电财〔2015〕418 号
	167	10 千伏及以下配电网工程项目档案管理办法	鲁电办〔2019〕868 号

附录 C   监理项目部标准化管理模板

C1   监理项目部设置部分

PJSZ001-01：监理项目部成立文件及总监理工程师任命书

×× 监理公司文件

×××× 〔20××〕×× 号

关于成立 ×× 供电公司 20×× 年 10kV 及以下配电网基建工程监理项目部及 ××（总监姓名）任职的通知

各有关单位、部门：

为确保 ×× 供电公司 20×× 年度 10kV 及以下配电网基建工程顺利实施，根据工程建设监理工作需要，特成立 "×× 供电公司 20×× 年度配电网工程监理项目部"，任命_____为总监理工程师，负责履行工程监理合同，主持项目监理机构工作。

正式启用 ×× 公司 "×× 供电公司配电网工程监理项目部" 印章，印鉴样：

特此通知。

附件 1：监理项目部组织机构表
附件 2：监理项目部监理任务清单

监理单位（章）

___ 年 _ 月 _ 日

填写、使用说明：

（1）应以中标单位公司文件形式成立，本模板适用于框架协议中标单位行文。

（2）监理单位自框架中标后应及时与相关建设单位联系，并在监理合同签订 30 日内组建监理项目部。相关成立文件报送建设管理单位。

（3）按地市设立监理项目部，所属各县（市、区）设立分支机构，可与业主项目部合署办公；分支机构人员应相对固定，对于单一批次投资计划在 2000 万元及以下的县域，现场监理员不应少于 3 人，投资计划每增加 1000 万元，现场监理员应增加 1 人。

（4）总监理工程师同时担任多个项目部总监时，应经建设管理单位书面同意，且最多不超过三个项目部，但不得跨区域担任；安全监理工程师不得兼任其他岗位。

附件 1

监理项目部组织机构表

项目部名称				
姓　名	监理项目部岗位	单位	职称 / 资格证书	联系电话
××市（直供区）监理项目部				
	总监理工程师			
	安全监理工程师			
	专业监理工程师			
	造价工程师			
	资料员			
	监理员			
	监理员			
	…			
××县（区）监理分支机构				
	安全监理工程师			
	专业监理工程师			
	监理员			
	…			
××县（区）监理分支机构				
	安全监理工程师			
	专业监理工程师			
	监理员			
	…			
××县（区）监理分支机构				
	安全监理工程师			
	专业监理工程师			
	监理员			
	…			
其他需要说明事项：				
监理项目部联系方式： 电话：　　　　　　　　　传真：　　　　　　　　　邮箱：				

附件 2

监理项目部监理任务清单

项目部名称：

序号	项目名称	规 模		开工时间	投产时间
		线路	配变		

注　根据项目匹配情况适时进行滚动修编。

48

×× 监理公司文件

×××× 〔20××〕×× 号

关于成立 ×× 供电公司 20×× 年 ×× 工程
监理项目部及 ×××（总监姓名）任职的通知

各有关单位、部门：

为确保 ×× 供电公司 20×× 年＿＿＿＿＿＿＿＿＿工程顺利实施，根据工程建设监理工作需要，特成立"＿＿＿＿＿＿＿＿＿工程监理项目部"，任命＿＿＿＿为总监理工程师，负责履行工程监理合同，主持项目监理机构工作。

正式启用 ×× 公司"＿＿＿＿＿＿＿工程监理项目部"印章，印鉴样：

特此通知。

附件：监理项目部组织机构表（略）

监理单位（章）

＿＿＿年＿月＿日

填写、使用说明：

（1）监理项目部组织机构应由中标单位以公文形式行文成立，本模板适用于中央预算等批次招标或专项工程需要单独成立项目部的情况。

（2）监理单位自框架中标后应及时与相关建设单位联系，并在监理合同签订 30 日内组建监理项目部。相关成立文件报送建设管理单位。

（3）按地市设立监理项目部，所属各县（市、区）设立分支机构，可与业主项目部合署办公；分支机构人员应相对固定，对于单一批次投资计划在 2000 万元及以下的县域，现场监理员不应少于 3 人，投资计划每增加 1000 万元，现场监理员应增加 1 人。

（4）总监理工程师同时担任多个项目部总监时，应经建设管理单位书面同意，且最多不超过三个项目部，但不得跨区域担任；安全监理工程师不得兼任其他岗位。

PJSZ002：法定代表人授权书

<h1 style="text-align:center">法定代表人授权书</h1>

兹授权我单位_____同志担任_____工程项目的（设计、施工、监理）项目负责人，对该工程项目的（设计、施工、监理）工作实施组织管理，依据国家有关法律法规及标准规范履行职责，并依法完成合同规定全部（设计、施工、监理）任务。

本授权书自授权之日起生效。

被授权人基本情况			
姓　名		身份证号	
注册执业资格		注册执业证号	
		被授权人签字：	

注　1.需附项目负责人执业资格证书、身份证以及法人代表身份证复印件。

　　2.本授权书一式二份，一份由建设单位收集管理，工程竣工验收合格后移交档案管理部门；一份各方责任主体留存。

授权单位（章）：

法定代表人（签字）：_____

授权日期：_____年___月___日

工程质量终身责任承诺书

　　本人受＿＿＿＿＿＿＿＿＿单位（法定代表人＿＿＿＿＿＿）授权，担任＿＿＿＿＿＿＿＿＿工程项目的（设计、施工、监理）项目负责人，对该工程项目的（设计、施工、监理）工作实施组织管理。本人承诺严格依据国家有关法律法规及标准规范履行职责，并对设计使用年限内的工程质量承担相应终身责任。

承诺人（签字）：＿＿＿＿＿＿＿＿＿＿

身份证号：＿＿＿＿＿＿＿＿＿＿

注册执业资格：＿＿＿＿＿＿＿＿＿

注册执业证号：＿＿＿＿＿＿＿＿＿

签字日期：＿＿＿＿年＿＿月＿＿日

C2 项目管理部分

PJXM001：工程开工令

工程开工令

工程名称：   编号：

<table>
<tr><td>

致＿＿＿＿＿＿＿＿＿＿＿＿＿＿＿＿＿＿＿＿（施工项目部）：

    经审查，本工程已具备施工合同约定的开工条件，现同意你方开始施工，开工日期为：＿＿＿＿＿年＿＿月＿＿日。

       附件：开工报审表

监理项目部（章）：
总监理工程师：＿＿＿＿＿＿
日   期：＿＿＿＿＿年＿＿月＿＿日

</td></tr>
</table>

注 本表一式＿＿份，由监理项目部填写，业主项目部、施工项目部各存一份，监理项目部存＿＿份。

PJXM002：文件审查记录表

文件审查记录表

工程名称：   编号：

文件名称	（写文件全称）	
送审单位	（文件编制单位）	
序号	监理项目部审查意见	施工项目部反馈意见

总监理工程师：＿＿＿＿＿＿＿＿＿＿＿＿　　　　项目经理：＿＿＿＿＿＿＿＿＿＿＿＿

日　　　期：＿＿＿＿年＿＿月＿＿日　　　　日　　　期：＿＿＿＿年＿＿月＿＿日

监理复查意见	
	总监理工程师：＿＿＿＿＿＿＿＿＿＿＿＿ 日　　　期：＿＿＿＿年＿＿月＿＿日

注 1.施工项目部按监理审查意见逐条回复，采纳监理意见应说明具体修改部位，不采纳时应说明原因。

2.本表一式两份，监理、施工项目部各存一份。

3.施工方案审查可参考附表常见方案审查要点。

PJXM003：监理文件报审表

_____**报审表**

工程名称：   编号：

致_____（业主项目部）：
我方已完成_____的编制，并已履行内部审批手续，请审批。 　　附件：相关报审文件   <div align="right">监理项目部（章）： 总监理工程师：_____ 日　　期：_____年____月____日</div>
业主项目部审批意见：   <div align="right">业主项目部（章）： 项目经理：_____ 日　　期：_____年____月____日</div>

注　本表一式____份，由监理项目部填写，业主项目部存一份、监理项目部留存____份。

_____工程

监理规划及实施细则

批准_____（公司技术负责人）

审核_____（公司职能部门）

编制_____（总监理工程师）

（监理公司名称）
（加盖监理公司公章）

_____年___月

目　录

PJXM005：工程复工令

工程复工令

工程名称：　　　　　　　　　　　　　　　　　　　　　　　　　　　　　　编号：

致：＿＿＿＿＿＿＿＿＿＿＿＿＿＿＿＿（施工项目部）

我方发出的编号为＿＿＿＿＿＿＿＿＿＿＿＿＿＿＿＿《工程暂停令》，要求暂停施工的＿＿＿＿＿＿＿＿＿＿＿部分（工序），经建设管理单位同意，现通知你方于＿＿＿＿＿年＿＿＿月＿＿＿日起恢复施工。

　　　　附件：证明文件资料

　　　　　　　　　　　　　　　　　　　　　　　　　　　监理项目部（章）：
　　　　　　　　　　　　　　　　　　　　　　　　　　　总监理工程师：＿＿＿＿＿＿＿＿
　　　　　　　　　　　　　　　　　　　　　　　　　　　日　　期：＿＿＿＿年＿＿月＿＿日

注　本表一式＿＿份，由监理项目部根据工程现场实际情况选择填写，业主项目部、施工项目部各一份，监理项目部留存＿＿份。

PJXM006：监理工作联系单

监理工作联系单

工程名称：   编号：

致： 　　事由 　　内容   　　　　　　　　　　　　　　　　　监理项目部（章）： 　　　　　　　　　　　　　　　　　总／监理工程师：_____ 　　　　　　　　　　　　　　　　　日　　　　　期：_____年___月___日
签收：   　　　　　　　　　　　　　　　　　签收人：_____ 　　　　　　　　　　　　　　　　　日　　期：_____年___月___日

注 1.本表一式___份，由监理项目部填写，业主项目部、施工项目部各一份，监理项目部留存___份。
　　　2.监理工程师包括总监理工程师、专业监理工程师、安全监理工程师和造价监理工程师等。

58

PJXM007：监理通知单

监理通知单

工程名称：   编号：

致_____： 事由 内容	
	监理项目部（章）： 总 / 监理工程师：_____ 日　　期：_____年___月___日
签收单位	签收人：_____ 日　　期：_____年___月___日

注　1.本表一式_____份，由监理项目部填写，业主项目部、施工项目部各一份，监理项目部留存___份。

　　2.问题照片及描述作为本通知单附件。

　　3.监理工程师包括总监理工程师、专业监理工程师、安全监理工程师和造价监理工程师等。

PJXM008：会议纪要

会议纪要

工程名称：   编号：

会议地点		会议时间	
会议主持人			

会议主题：

上次会议问题处理情况：

本次会议内容：

主送单位			
抄送单位			
发文单位		发文时间	

附件

_____会议签到表

姓　名	工作单位	职务 / 职称	电　话

PJXM009：工程暂停令

工程暂停令

工程名称：   编号：

致_____（施工项目部）：

由于_____原因，现通知你方必须与_____年___月___日___时起，对本工程的部位（工序）实施暂停施工，并按下述要求做好各项工作：

监理项目部（章）：

总监理工程师：_____

日　　期：_____年___月___日

业主项目部意见：

业主项目部（章）：

项目经理：_____

日　　期：_____年___月___日

注　本表一式____份，由监理单位填写，业主项目部、施工项目部各存一份，监理项目部留存___份。

PJXM010：监理报告

监理报告

工程名称：   编号：

致＿＿＿＿＿＿＿＿＿＿＿（主管部门）：
　　由＿＿＿＿＿＿＿＿＿＿＿（施工单位）施工的＿＿＿＿＿＿＿＿＿＿＿（工程部位），存在安全事故隐患。我方
已于＿＿＿＿年＿＿月＿＿日发出编号为＿＿＿＿＿＿＿＿的《监理通知单》/《工程暂停令》，但施工单位未整改 / 停工。
　　特此报告。

　　　附件：□监理通知单
　　　　　　□工程暂停令
　　　　　　□其他

　　　　　　　　　　　　　　　　　　　　　　　　　监理项目部（章）：
　　　　　　　　　　　　　　　　　　　　　　　　　总监理工程师：＿＿＿＿＿＿＿＿＿
　　　　　　　　　　　　　　　　　　　　　　　　　日　　　期：＿＿＿＿＿年＿＿月＿＿日

注　本表一式四份，主管部门、建设单位、工程监理单位、项目监理机构各存一份。

PJXM011：安全/质量活动记录

安全/质量活动记录

工程名称：   编号：

活动时间	
活动地点	
主持（交底）人	

内容：

参加人（签字）	

PJXM012：文件收发记录表

文件收发记录表

工程名称：　　　　　　　　　　　　　　　　　　　　　　编号：

序号	文件名称及编号	接收			发放		
		文件来源/类别	份数	接收人/日期	领取单位	份数	领取人/日期

注　本表由监理项目部填写，监理项目部自存。

监理检查记录表

工程名称：　　　　　　　　　　　　　　　　　　　　　　　　　　编号：

施工单位		监理单位	
检查时间		检查地点	
检查类型	□巡视	□平行	□专项
施工及检查情况简述			
存在问题			
整改要求			
检查人		施工项目部 签收人／日期	
整改情况		整改负责人： 日期：	
复查意见		复查人： 日期：	

监理日志

工程名称：

本册编号：

填 写 人：

监理项目部：＿＿＿＿＿＿＿＿＿＿＿＿＿＿＿＿＿＿＿＿＿＿＿＿

起止日期：＿＿＿＿年＿＿月＿＿日至＿＿＿＿年＿＿月＿＿日

监 理 日 志

| 星期： | 年　月　日 | 天气：白天： | 气温：最高　　℃ |
| | | 夜间： | 　　　最低　　℃ |

工作内容、遇到的问题及其处理：

填写、使用说明：

（1）本表由专业监理工程师填写，填写的主要内容如下。

1）当天施工内容、部位、数量和进度、劳动力、机械使用情况，工程质量、安全情况。

2）监理项目部主要工作、发现问题及处理情况。

3）上级指示执行情况。

4）施工项目部提问及答复。

5）会议、监理人员人数及其他。

（2）在填写本表时，内容必须真实，力求详细。可使用电子版，需要相关人员签字的必须手签，不得打印或使用蓝黑或碳素钢笔填写，字迹工整、文句通顺。

（3）本表式为推荐表式，各监理单位可根据自己的管理体系设计本单位的监理日志表式，但应包括本表式要求的主要内容。

监理月报

工程名称：_____

_____年___月　　第___期

总监理工程师：_____

监理项目部（章）

报告日期：_____年___月___日

监理月报

1 工程进展情况
  1.1 本月进度情况
  1.2 下月进度计划
2 本月监理工作情况
  2.1 工程进度控制方面的工作情况
  2.2 工程质量控制方面的工作情况
  2.3 安全生产管理方面的工作情况
  2.4 工程计量与工程款支付方面的工作情况
  2.5 合同其他事项的管理工作情况
  2.6 上月待协调事项跟踪落实情况
3 工程存在问题及建议
4 下月监理工作重点
  4.1 工程进度控制方面工作
  4.2 工程质量控制方面工作
  4.3 安全生产管理方面工作
  4.4 工程造价方面工作
  4.5 其他工作
5 本月大事记

PJXM016：工程监理工作总结

_____工程

监理工作总结

批准：（分管领导）　　　　　　　　_____年____月____日

审核：（公司职能部门）　　　　　　_____年____月____日

编写：（总监理工程师）　　　　　　_____年____月____日

（监理公司名称）
（加盖监理公司公章）
_____年____月

目　录

C3 安全管理部分

PJAQ001：监理项目部安全管理台账

监理项目部安全管理台账

（一）安全法律、法规、标准、制度等有效文件清单；

（二）总监及安全监理人员资质资料；

（三）安全管理文件收发、学习记录；

（四）安全监理会议记录；

（五）施工报审文件及审查记录；

（六）分包备案资料；

（七）安全检查、签证记录及整改闭环资料；

（八）安全旁站记录；

（九）监理通知单及回复单、工程暂停令及复工令。

安全旁站监理记录表

工程名称：   编号：

<table>
<tr>
<td colspan="2">现场工作内容</td>
<td colspan="3"></td>
</tr>
<tr>
<td colspan="2">作业地点</td>
<td colspan="3"></td>
</tr>
<tr>
<td colspan="2">作业项目
主要危险分析</td>
<td colspan="3">（分析本作业存在的主要危险点及可能造成的危害）</td>
</tr>
<tr>
<td rowspan="3">施工
现场
安全
文明
施工
评价</td>
<td>组织
管理</td>
<td colspan="3">（描述现场人员配置及到岗到位、工作票签发及安全技术交底情况等）</td>
</tr>
<tr>
<td>平面
布置</td>
<td colspan="3">（描述施工作业区平面布置总体情况，各类施工机械、工器具、危险品库等的设置是
否符合安全文明施工标准化管理规定的要求）</td>
</tr>
<tr>
<td>安全
措施</td>
<td colspan="3">（安全防护用品和安全设施的投入、使用情况，重点核对安全保证措施的执行情况）</td>
</tr>
<tr>
<td rowspan="2">现场主要
问题</td>
<td colspan="2">（现场出现的各类违反安全文明施工管
理的现象以及各类事故隐患等）</td>
<td rowspan="2">监理
有关
措施</td>
<td>（针对现场情况，提出的监理指）</td>
</tr>
<tr>
<td colspan="2">整改结果：</td>
<td>复验意见：</td>
</tr>
<tr>
<td rowspan="2">旁站
时间</td>
<td>开始</td>
<td colspan="2">年　月　日　时　分</td>
<td rowspan="2">对应
作业</td>
</tr>
<tr>
<td>结束</td>
<td colspan="2">年　月　日　时　分</td>
</tr>
</table>

旁站监理人员（签名）：   作业负责人（签名）：

填写、使用说明：

（1）记录由旁站监理人员填写。

（2）"施工现场安全文明施工评价"中的三项工作，各工程可结合本项目的特点和控制要求，在相关工作实施前对表格中的具体内容进行固化，宜采用勾选或填空的方式形成旁站记录，但应力求全面，避免漏项。

C4 质量管理部分

PJZL001：质量旁站监理记录表

质量旁站监理记录表

工程名称：　　　　　　　　　　　　　　　　　　　　　　　　　　编号：

日期及天气：	施工单位：
质量旁站监理的部位或工序：	安全旁站作业点：
旁站监理开始时间：	旁站监理结束时间：
质量旁站的关键部位、关键工序施工情况：	
安全旁站的组织管理、平面布置、安全措施现场执行情况：	
发现的问题及处理情况：	
旁站监理人员（签字）：	日期：＿＿年＿＿月＿＿日

注　1. 本表由监理工作人员填写。监理项目部可根据工程实际情况在策划阶段对"旁站的关键部位、关键工序施工情况""安全旁站作业点"进行细化，可细化成有固定内容的填空或判断填写方式，方便现场操作，但表格整体格式不得变动。

2. 如监理人员发现问题性质严重，应在填写旁站监理记录表后，发出监理通知单要求施工项目部进行整改。

3. 本表一式一份，由监理项目部留存。

PJZL002：设备材料开箱检查记录表

设备材料开箱检查记录表

编号：

工程名称		开箱日期	
产品来源		合同号	
产品名称		合同数量	
型号规格		到货数量	
制造厂商		总箱（件）数	
厂商国别		到货时间	
唛头号		存放地点	

检查内容	检 查 结 果				
外包装		缺件登记：			
外观检查					
铭牌核对					
型号核对					

文件资料名称	检查结果	份数	接收人	日期	结论
质保书或合格证	□有 □无 □不需要				□齐全 □不齐全
原产地证书	□有 □无 □不需要				□齐全 □不齐全
装箱清单	□有 □无 □不需要				□齐全 □不齐全
出厂试验报告	□有 □无 □不需要				□齐全 □不齐全
安装使用说明书	□有 □无 □不需要				□齐全 □不齐全
安装图纸及资料	□有 □无 □不需要				□齐全 □不齐全
备品备件	□有 □无 □不需要				□齐全 □不齐全

开箱检查结论：

开箱负责人（签字）：_____
日期：_____年___月___日

参加开箱单位及人员签字：

注 1. 设备材料开箱检查由监理项目部组织，开箱负责人由总监理工程师担任。

　　2. 本表一式____份，由施工项目部填报，业主项目部、监理项目部各____份，施工项目部留存____份。

PJZL003：平行检验记录表

平行检验记录表

工程名称：   编号：

检验对象分类			□材料		□工序	
检验对象	材料	材料名称		材料型号规格		
		生产厂		使用部位		
	工序	工序名称		实施单位		
		其他				
序号	检验项目		质量标准	质量检验结果		备注
检验结论						
检验仪器及编号						
检验人员						
检验日期						

注 1. 工程平行检验应依据监理合同约定的检验项目、数量、频率和费用开展。如属材料方面的检验项目，在材料前的方框中打"√"，并在下面"材料"的相应栏目中填写有关信息，其他"工序"栏目中打斜线即可。如属工序方面的检验项目，依此类推填写。如有些检验对象不好明确区分是否属于材料、工序时，按工序填写，有关基本信息可填入"其他"栏目中。

2. "检验结论"填写检验后得出的最终结论，一般为合格或不合格。

3. "检验项目""质量标准"可以由监理项目部根据工程实际情况对单元表格进行细化拆分。

4. 具备以下条件时可不填写本表：

（1）材料经专业检验单位检验后出具有正式检验报告。

（2）监理项目部已在施工验评记录、隐蔽验收记录、开箱验收记录等表单填写检查数据，并签字确认。

竣工预验收记录表

工程名称： 　　　　　　　　　　　　　　　　　　　　　　　　　　编号：

施工单位		监理单位	
检查时间		检查地点	
检查类型	竣工预验收		
施工及检查情况简述			
存在问题			
整改要求			
检查人		施工项目部签收人／日期	
整改情况		整改负责人： 日　期：＿＿＿＿年＿＿月＿＿日	
复查意见		复查人： 日　期：＿＿＿＿年＿＿月＿＿日	

报验申请单

工程名称：   编号：

致＿＿＿＿＿＿＿＿＿（建设管理单位）：

由我公司监理的＿＿＿＿＿＿＿＿＿＿工程从＿＿＿＿年＿＿月＿＿日开工至＿＿＿＿＿年＿＿月＿＿日，工程具备＿＿＿＿＿＿＿＿阶段（中间验收条件□ 全部竣工验收条件□），特申请验收。
 	
附件1：竣工预验收记录表
附件2：施工单位质量专检报告
 	
                监理项目部（章）
                总监理工程师：＿＿＿＿＿＿＿＿
                日 期：＿＿＿＿年＿＿月＿＿日

建设管理单位验收意见：
 	
                建设管理单位（章）：
                项目负责人：＿＿＿＿＿＿＿＿
                日 期：＿＿＿＿年＿＿月＿＿日

注　1.竣工验收工程经过施工项目部三级检查验收、竣工预验收，所检查项目全部符合设计及国家现行标准要求。
　　2.本表一式＿＿＿份，由监理项目部填报，建设管理单位一份，监理项目部留存＿＿＿份。

C5　造价管理部分

PJZJ001：工程监理费付款报审表

工程监理费付款报审表

工程名称：　　　　　　　　　　　　　　　　　　　　　　　　编号：

致＿＿＿＿＿＿＿＿＿＿（业主项目部）： 　　根据＿＿＿＿＿＿合同约定，现申请支付＿＿＿＿费用共计＿＿＿＿万元，占合同金额的＿＿＿%。 　　截至本次付款前，我单位累计已收到款项＿＿＿＿万元，占合同金额的＿＿＿%。 　　请予审核。 　　附件：监理费付款计算表 　　　　　　　　　　　　　　　　　　　　　监理项目部（章） 　　　　　　　　　　　　　　　　　　　　　总监理工程师：＿＿＿＿＿＿＿＿＿＿ 　　　　　　　　　　　　　　　　　　　　　日　　　期：＿＿＿年＿＿月＿＿日	
业主项目部审批意见： 　　　　　　　　　　　　　　　　　　　　　业主项目部（章） 　　　　　　　　　　　　　　　　　　　　　项目经理：＿＿＿＿＿＿＿＿＿＿ 　　　　　　　　　　　　　　　　　　　　　日　　　期：＿＿＿年＿＿月＿＿日	

注　本表一式＿＿＿份，由监理项目部填写，业主项目部一份，监理项目部留存＿＿＿份。

PJZJ002：设计变更联系单

设计变更联系单

工程名称：　　　　　　　　　　　　　　　　　　　　　　　　编号：

致＿＿＿＿＿＿＿＿＿＿（设计单位）：

　　由于＿＿
＿＿
＿＿
＿＿

原因，兹提出＿＿＿＿＿＿＿＿＿＿＿＿＿＿＿＿＿＿＿＿＿＿＿＿＿＿＿＿＿＿等设计变更建议，请予以审核。

　　附件：变更方案等相关附件

　　　　　　　　　　　　　　　　　　　　　　　　　　　　负责人（签字）：＿＿＿＿＿＿＿＿
　　　　　　　　　　　　　　　　　　　　　　　　　　　　提出单位（盖章）：＿＿＿＿＿＿＿
　　　　　　　　　　　　　　　　　　　　　　　　　　　　日　　　　期：＿＿＿＿＿年＿＿月＿＿日

注　1.本表由监理项目部统一编号后发送设计单位，作为设计变更联系单的唯一通用表单。
　　2.本表仅用于向设计单位提出非设计原因引起的设计变更，作为设计变更审批单，重大设计变更审批单的附件。
　　3.本表一式五份（施工、设计、监理、业主项目部各一份，建设管理单位存档一份）。

PJZJ003：设计变更/现场签证单汇总表

设计变更/现场签证单汇总表

工程名称：   编号：

序号	设计变更/现场签证编号	专业	接收日期	接收人	费用
费用合计					

注 本表由监理项目部填写，业主项目部、监理项目部各一份。

C6 技术管理部分

PJJS001：监理项目部技术标准目录清单

监理项目部技术标准目录清单

工程名称：   第 页 共 页

序号	文件编号	文件名称	说明

PJJS002：技术标准问题及标准间差异汇总表

技术标准问题及标准间差异汇总表

工程名称：

序号	标准名称			
	条款	原文内容	问题及差异	建议

注　本表由监理项目部编制，汇总后向业主项目部报送。

监理项目部（章）：
专业监理工程师：
总监理工程师：
日期：

PJJS003：施工图预检记录表

施工图预检记录表

工程名称：   编号：

图纸名称：		
序号	预检记录	设计处理意见

参与人员签名：

日期：_____年____月____日

注　1. 该表格用于监理项目部对施工图的预检。
　　2. "图纸名称"填写每一次预检审查图纸名称及相应的卷册号，不需一册一份记录。
　　3. 对于设计中有不符合规范要求的，应予注明。
　　4. 在施工图会检和交底前将该记录提交业主项目部。
　　5. 对监理项目部提出的建议和意见进行跟踪，会检纪要中明确的内容在备注中说明。

施工图会检纪要

编号：
签发：

工程名称：

会议地点		会议时间	
会议主持人			

会检图册：

本次会议内容：

会签意见：	会签意见：	会签意见：	会签意见：
业主项目部（章）：	监理项目部（章）：	设计单位（章）：	施工项目部（章）：
项目经理：	总监理工程师：	设计总负责人：	项目经理：

　　注　会检纪要由监理项目部起草，经项目负责人签发后执行。

附录 D 监理项目部综合评价表

D1 配电网工程监理项目部综合能力评价规则

配电网工程监理项目部综合能力评价细则

评价项目	评价要点	总分	单项得分	评分标准	评价方式
一、人员配置	人员配置	40	25	（1）监理人员配置需满足标准化项目部建设要求，原则上不宜少于5人，不满足要求扣10分。 （2）监理项目部至少配备总监理工程师、安全监理工程师各1人，未配备扣10分。 （3）监理项目部应设置总监理工程师、安全监理工程师、专业监理工程师、监理员、造价工程师和信息资料员等岗位，每缺一岗位人员扣2分。 （4）项目部人员按在建工程投资计划不超过3000万元/人配置，每少一人扣2分	资料检查、现场检查
				总监理工程师、专业监理工程师调整未办理变更手续，发现一次扣10分；其他管理人员调整未办理变更手续，发现一次扣2分	资料检查、现场检查
	资质条件		15	（1）总监理工程师应同时具备以下条件：①已在工程所属建设管理单位完成双准入考试（线上、线下）；②参加过省级公司举办的安全培训，经考试合格且证书有效；③具备国家注册监理工程师资格。且具有3年及以上同类工程监理工作经验，不满足要求扣5分。 （2）安全监理工程师应同时具备以下条件：①已在工程所属建设管理单位完成双准入考试（线上、线下）；②参加过省级公司举办的安全培训，经考试合格且证书有效；③熟悉电力建设工程管理，具备国家注册安全工程师或工程注册类执业资格或中级及以上专业技术职称之一，2年及以上同类工程监理工作经验；或从事电力建设工程安全管理工作或相关工作3年以上，且具有大专及以上学历。不满足要求扣5分。	资料检查

评价项目	评价要点	总分	单项 得分	评分标准	评价方式
一、人员配置	资质条件	40	15	（3）专业监理工程师应同时具备以下条件：①已在工程所属建设管理单位完成双准入考试（线上、线下）；②具备工程类注册执业资格或中级及以上专业技术职称之一，2年及以上同类工程监理工作经验，不满足要求扣3分。	
	教育培训	15	15	（1）未组织监理人员进行安全教育培训，未对工程策划文件、标准工艺及上级文件进行学习、交底，形成活动记录，发生一次扣2分。 （2）开工前未组织监理项目部人员对监理规划及实施细则等进行交底、培训，未形成活动记录，发生一次扣2分	资料检查、现场检查
二、资源配置	项目部建设	30	20	未在属地设置相对独立、固定的项目部驻地，扣20分	现场检查
	设备配置		10	未配置满足实际需求的办公设备、常规检测设备和工具、个人安全防护用品、交通工具等，发现一项扣2分	现场检查
三、管理制度	制度上墙	10	10	（1）未设立、悬挂项目部铭牌，发现一项扣2分；没有项目所属监理公司名称、监理项目部名称，发现一项扣1分。 （2）未悬挂项目部人员组织架构图，发现一项扣2分；组织架构不包括监理项目部各岗位名称、人员姓名等，发现一项扣1分。 （3）未悬挂项目部职责及各项目部所设各岗位的岗位职责，无生产现场作业"十不干"、配电网工程安全管理"十八项禁令""三十条措施"等内容，发现一项扣1分	现场检查
	制度建设			未制定必要的安全、质量、进度、造价、档案等方面的内部管理制度，缺少一项扣3分	资料检查
	合同管理			未在规定时限内签订合同（监理单位责任），发生1次扣5分	资料检查
四、优质服务	服务质量	20	20	（1）被县区公司及以上单位通报负有监理责任的质量问题，根据问题严重程度，发生一次扣1～4分。 （2）被省公司及以上单位通报负有监理责任的Ⅰ、Ⅱ、Ⅲ类严重违章，发生一次分别扣4、3、2分。 （3）当项目进度未严格按工程阶段性进度计划按时完成时，监理未采取相关措施，发生一次扣1分。 （4）被县区公司及以上单位通报负有监理责任的设计变更、工程签证问题，根据问题严重程度，发生一次扣1～4分。 （5）未及时响应应业主提出的其他管理要求，发生一次扣2分	资料检查、现场检查

D2 配电网工程监理项目部工程实施质量评价细则

配电网工程监理项目部工程实施质量评价细则

评价项目	评价要点	总分	单项得分	评分标准	评价方式
一、前期管理	监理规划	20	5	未按要求编制监理规划及实施细则，扣5分；未在监理规划及实施细则中明确风险和应急管理工作要求，扣2分；监理规划及实施细则未报业主项目部审批、未填写监理文件报审表，扣2分	资料检查
	设计文件会检		5	采取全过程监理的，未按要求参与设计现场勘察和设计文件审查，发生一次扣1分；未编写设计文件会检纪要，发生一次扣1分	资料检查
	开工管理		10	未按要求参加设计、安全技术交底，发生一次扣1分	资料检查、现场检查
				未按要求审核施工项目部提出的施工分包计划、试验（检测）单位资质报审表、施工方案等开工准备资料，发生一次扣3分	资料检查、现场检查
				未按照里程碑计划督促施工单位报审开工准备资料并指导其及时整改，发生一次扣2分	资料检查
二、过程管理	安全管理	60	25	未按要求开展工程风险分析，未提出保证安全的监理预控措施，扣5分	资料检查、现场检查
				未按要求审查施工项目部报审的安全管控措施或审查意见不明确，扣5分	资料检查
				未建立监理项目部安全管理台账，未按要求对现场的安全文明施工设施进行检查，发生一次扣5分	资料检查、现场检查
				未对重要及危险的作业工序、关键部位进行旁站或巡视，发生一次扣5分	资料检查、现场检查
				未督促施工、设计单位对发现的问题及时整改，发生一次扣3分	资料检查、现场检查
				未按要求组织或参加安全检查，未按要求开展分包管理专项检查，发生一次扣2分	资料检查、现场检查
	质量管理	60	20	未组织对进场设备、材料检查验收，发生一次扣2分	资料检查、现场检查
				未通过见证、旁站、巡视、平行检验等手段，对全过程施工质量有效控制，发生一次扣3分	资料检查、现场检查

评价项目	评价要点	总分	单项得分	评分标准	评价方式
二、过程管理	质量管理	60	20	未有效监督和检查工程管理制度、标准工艺的执行和落实，未通过影像资料等手段强化施工过程质量管理，发生一次扣3分	资料检查、现场检查
				未按要求组织隐蔽工程验收或组织竣工预验收，未及时参加工程竣工验收，发生一次扣5分	资料检查、现场检查
				竣工预验收不到位，重大质量问题未发现或问题未完成整改，导致竣工验收时设备无法正常投运，发生一次扣10分	资料检查、现场检查
	进度管理		15	未跟踪施工进度计划执行情况，未督促施工项目部进行进度纠偏，发生一次扣3分	资料检查
				未及时编制监理日志、月报、总结，发现一次扣2分	资料检查
				未按时参加业主项目部组织的例会，发现一次扣2分	资料检查
				未监督、跟踪施工合同执行，未及时协调合同争议，发生一次扣1分	资料检查、现场检查
三、造价管理	结算管理	10	10	未审核确认竣工工程量或报审工程量与现场存在较大偏差，扣5分	资料检查、现场检查
				未按要求及时审核设计变更、现场签证，发生一次扣2分	资料检查、现场检查
四、档案管理	档案规范性	10	5	未及时完成监理资料的收集、整理和移交，扣5分	资料检查
				移交的监理资料不规范、不完整，发生一次扣1分	资料检查
				未督促施工单位及时完成档案资料移交，扣5分	资料检查
	信息管理		5	未按要求使用相关管理系统及移动App等，扣5分	系统取数
				未按要求规范使用相关管理系统及移动App等，上传数据不及时、不真实、不准确，发生一次扣1分	系统取数

D3 配电网工程服务供应商（项目部）履约评价否决项条款

配电网工程服务供应商（项目部）履约评价否决项条款

评价项目	评价要点	否决项条款	评价方式
发生以下情况之一否决项的，本周期直接认定为0分	企业失信	被省、市政府相关机构和部门认定为黑名单或失信企业；因违反相关规定，被省、市公司列入"黑名单"的	资料检查
	安全事故	因供应商原因导致安全事件或六级及以上质量事件，其他对公司造成严重不良影响的安全事件的	资料检查、现场检查
	经营合规	发生违法转包或违规分包的	资料检查、现场检查
	廉洁从业	借工程建设向用户乱收费、乱摊派、吃拿卡要；发生与承揽工程相关的廉政违法违纪情形，被通报或处理的	资料检查、现场检查
	负面事件	发生拖欠农民工资、群体性信访等其他给公司造成负面影响的事件	资料检查、现场检查
	合同履约	因供应商原因导致合同终止，且严重影响工程建设进度或电网安全运行的	资料检查、现场检查

D4 配电网工程服务供应商（项目部）履约评价直接加分、减分项

配电网工程服务供应商（项目部）履约评价直接加分、减分项

评价项目	评价要点	评分标准	评价方式	备注
直接加分项	优质工程	上年度，获得国网公司配电网工程质量评价前100名，加4分；获得省公司配电网工程质量评价前列，每项加2分	资料检查	单个项目按最高荣誉加分，不重复加分。此项最高加4分
	质量管理	发现物资安全、质量问题，省公司出具物资不良供应商处理意见的，每项加1分	资料检查	
	安全管理	发现重大安全问题，及时下达工程暂停令予以制止，被建设管理单位通报表扬的，每项加1分	资料检查	
	标准化项目部建设	上年度，标准化项目部建设工作突出，获得省公司级荣誉称号，每项加2分。国网公司级荣誉称号，一项加5分	资料检查	省公司级荣誉称号，1项加2分。国网公司级荣誉称号，1项加5分
	应急抢险	在自然灾害抢险、抢修等工作中做出突出贡献，加1～2分	资料检查	此项最高加2分
	施工转型升级	通过国网公司配电网工程施工转型升级达标验收，加6分。通过省公司配电网工程施工转型升级达标验收，加3分	资料检查	此项最高加6分
	创新应用	应用新技术、新装备、新工艺或其他管理创新举措等提高工程建设质效的，经省公司组织认定，加1分。积极响应配合协助业主或独立完成国网公司、省公司级科技项目获得荣誉，国网公司级的每项加2分，省公司级的每项加1分	资料检查	以文件为依据：国网公司级的一项加2分，省公司级的一项加1分
直接减分项	缺陷整改	质保期内，因施工、设计、监理方责任引发的质量问题，发生缺陷不配合整改的，扣2～5分	系统取数、资料检查	
	一般缺陷	质保期内，因服务类供应商原因，引起投运后设备一般缺陷（对设备和人身安全威胁不大，可借设备停电检修时再进行处理的缺陷），扣1分	系统取数、资料检查	
	严重缺陷	质保期内，因服务类供应商原因，引起投运后设备严重缺陷（对设备和人身有一定的威胁，设备可以带病运行，并可以采取防止人身事故的临时措施，但必须列入近期停电计划来消除的缺陷），扣1分	系统取数、资料检查	
	危急缺陷	质保期内，因服务类供应商原因，引起投运后设备危急缺陷（直接威胁设备和人身安全，随时都有发生事故的可能，需要立即处理的缺陷），扣4分	系统取数、资料检查	

评价项目	评价要点	评分标准	评价方式	备注
直接减分项	引发故障但未构成电网质量事件	质保期内，因服务类供应商原因，引起投运后设备故障但未构成六级及以上电网质量事件，扣 1 ~ 4 分	系统取数、资料检查	
	巡视巡查问题	省公司级及以上巡视巡查、审计等检查工作，发现因供应商原因导致的问题，每项扣 1 ~ 5 分	资料检查	

附录 E 项目部管理资料清单及国网公司 23 类监理资料清单

国网山东省电力公司
配电网工程档案资料目录（2020 版）

一、综合性档案资料目录

说明：按项目下达批次进行整理。

1. 上级配电网工程管理文件及通知

说明：国网、省、市公司下发的文件、通知。

2. 可行性研究相关文件

说明：可行性研究报告、估算书等，最终收口版，与批复文件对应。

3. 初步设计相关文件

说明：初步设计文本（含可研初设一体化文件）、概算书、图纸、物资清册等，最终收口版，与批复文件对应。

4. 项目批复文件

说明：可研、初设、投资计划等相关批复及项目明细表、项目调整备案表。

5. 服务类招投标、中标文件、中标单位资质、框架协议及合同

说明：服务类招标文件、中标单位投标文件，中标单位资质文件扫描件；合同（必须包含中标通知书、与合同对应的框架协议扫描件）。

6. 各项目部成立文件、人员任命文件、有关资质证明和报审文件、法人授权书等

7. 配电网工程协调会、例会、设计联络会通知、纪要等会议文件

说明：含业主项目部组织设计单位、监理、施工、甲方代表开展的图纸会审、技术交底、工程协调等会议资料。

8. 工程通用施工图纸（蓝图）

说明：由设计中标单位提供。

9. 工程总体总结、效益分析报告

说明：由业主项目部提供。

10. 工程总体验收报告

11. 业主、监理、施工项目部综合评价表、设计质量评价表

12. 工程移交协议书

说明：由建设管理部门提供。

13. 工程审计报告

说明：由审计单位提供。

二、单体工程档案资料目录

说明：业主、施工、监理、设计单位按职责分工负责整理；监理单位负责审核把关。建设管理单位印章为公司公章或业主项目部章。

1. 施工图纸

说明：由中标设计单位提供蓝图，通用施工图纸除外。

2. 安全及技术交底记录

说明：由监理单位提供；安全及技术交底各一份；交底人为设计、业主、监理单位及甲方代表，接收方为施工中标单位。

3. 拆旧材料明细表

说明：由施工单位提供；主要设备、材料与改造前基本情况数量一致，主材、设备退库或报废与物资对应、闭环；无拆旧工程无须提供。

4. 施工方案（措施）报审表及施工"三措一案"

说明：由施工单位报送；施工单位报审时间为开工前2周。

5. 项目进度实施计划（施工计划）

说明：由施工单位结合业主项目进度实施计划编制。

6. 改造前基本情况及示意图

说明：由设计单位提供；见施工图纸。

7. 工程开工报审表及工程开（停、复）工报告

说明：由施工单位报送；开工报审表日期为开工前3天，开工报告日期为开工当天；停、复工报告数量一致。

8. 施工安全管理及风险控制方案

说明：由施工单位提供；按单体工程编制。

9. 主要设备开箱申请表

说明：由施工单位提供；申请表后附设备装箱单、产品合格证、说明书、出厂试验报告、出厂图纸等开箱资料原件。

10. 土建施工记录

说明：由施工单位提供；包括箱式变压器基础、电缆沟槽、杆塔基础等测量施工记录，地基处理、桩基施工、混凝土浇筑等记录。

11. 电气安装记录，调试、试验报告

说明：由施工单位提供，附设备调试报告。

12. 隐蔽工程验收报告

说明：由施工单位提供；由业主、施工、监理、设计单位及甲方代表负责实施，附隐蔽工序照片。

13. 中间质量控制记录

说明：由施工单位提供；含中间验收；由施工、监理单位负责实施，可根据验收时间填写。

14. 设计变更通知单及报审文件

说明：由施工单位提供；业主、施工、监理、设计四方签章；无变更的不附此单。

15. 工程三级验收记录

说明：由施工单位提供（自检、队检、公司检）。

16. 工程竣工验收申请表

说明：由施工单位提供；实际竣工时间前 2 日。

17. 工程竣工报告

说明：由施工单位提供。

18. 工程验收报告

说明：由业主单位提供；实际竣工时间后，四方签章。

19. 缺陷整改记录

说明：由施工单位提供；有缺陷的一周内完成整改，无缺陷的不附此单。

20. 现场签证审批单

说明：由监理单位提供；根据现场实际及相关资料，由施工项目部发起。无变签证的不附此单。

21. 工程项目竣工基本情况

说明：由业主单位提供；对建设情况和工程量进行说明。

22. 拆旧物资交接明细清单

说明：由施工单位提供；对应拆旧材料明细表；无拆旧工程不附此单。

23. 工程竣工图纸

说明：由设计单位提供；竣工图必须为蓝图，由施工单位提供竣工资料。

24. 工程结算书

说明：由施工单位提供；为审定定案后的结算书（工程竣工后 60 日内完成结算书审定）。

25. 工程照片

说明：由监理单位及施工单位提供；包括工程施工关键阶段、工序、隐蔽工程照片，工程改造前、改造后照片。

三、监理文件档案资料目录

1. 监理规划

说明：监理规划要和工程实际情况结合（按照批次编制），要有针对性。

2. 监理机构、监理总工程师、监理人员任职及资格证书

说明：有人员及机构调整时，动态更新。

3. 工程预付款及进度款、施工器械等报审文件

说明：监理单位严格要求。

4. 监理会议纪要

说明：监理单位根据要求，定期按时召开。

5. 监理工作联系单

说明：含整改通知书，与施工单位单体工程资料（例如会议纪要、整改后回复单等）保持闭环。

6. 监理旁站记录、日志、月（周）报、隐蔽工程验收记录

7. 监理工程量确认单

说明：与竣工图纸最终建设规模一致。

8. 监理工作总结

9. 工程质量总体评价、安全质量事故报告

说明：监理单位提供；按批次编制。

国网公司 23 类监理资料清单

阶段	序号	文件名称	编制单位
工程前期阶段	1	监理项目部成立及总监理工程师任命文件	监理单位
	2	监理规划及实施细则	监理项目部
	3	监理文件报审表	监理项目部
	4	安全／质量活动记录（监理规划及实施细则交底记录）	监理项目部
	5	施工图预检记录表	监理项目部
	6	设计交底及施工图会检纪要	监理项目部
	7	会议纪要	监理项目部
工程建设阶段	8	监理日志	监理项目部
	9	旁站监理记录表	监理项目部
	10	监理检查记录表	监理项目部
	11	工程暂停令	监理项目部
	12	工程复工令	监理项目部
	13	监理通知单	监理项目部
	14	监理报告	监理项目部
	15	工作联系单	业主、监理、施工项目部
	16	监理月报	监理项目部
	17	设计变更联系单	业主、监理、监理项目部
	18	安全／质量活动记录	监理项目部
	19	竣工预验收记录表	监理项目部
	20	竣工验收申请表	监理项目部
总结评价阶段	21	监理工作总结	监理项目部
	22	工程监理费付款报审表	监理项目部
	23	工程档案资料移交清单	监理项目部

附录 F 监理项目部上墙图板目录

序号	标识名称	参考规格（mm×mm）	单位	数量	材料工艺	备注	样板（参考）
1	监理项目部铭牌	600×400	块	1	薄框铝合金焗漆丝印	项目部办公室大门外侧悬挂监理项目部铭牌。铭牌应清晰、简洁	
2	监理项目部组织机构图	1200×800	块	1	内容采用黑体字，图板设置离地高度1.5m	组织机构图应包括监理项目部各岗位名称、人员名称	
3	监理项目部职责	1200×800	块	1	内容采用黑体字，图板设置离地高度1.5m	包含监理项目部职责及各岗位职责，每个岗位职责1个图板	

序号	标识名称	参考规格（mm×mm）	单位	数量	材料工艺	备注	样板（参考）
4	总监理工程师岗位职责	1200×800	块	1	内容采用黑体字，图板设置离地高度1.5m		
5	安全监理工程师岗位职责	1200×800	块	1	内容采用黑体字，图板设置离地高度1.5m		
6	专业监理工程师岗位职责	1200×800	块	1	内容采用黑体字，图板设置离地高度1.5m		

序号	标识名称	参考规格（mm×mm）	单位	数量	材料工艺	备注	样板（参考）
7	造价工程师岗位职责	1200×800	块	1	内容采用黑体字，图板设置离地高度1.5m		
8	监理员岗位职责	1200×800	块	1	内容采用黑体字，图板设置离地高度1.5m		
9	信息资料人员岗位职责	1200×800	块	1	内容采用黑体字，图板设置离地高度1.5m		

续表

序号	标识名称	参考规格（mm × mm）	单位	数量	材料工艺	备注	样板（参考）
10	配网工程防人身事故“三十条措施”	1200 × 800	块	1	内容采用黑体字，图板设置离地高度 1.5m		 国家电网 STATE GRID 配网工程防人身事故“三十条措施”
11	配电网工程安全管理“十八项”禁令	1200 × 800	块	1	内容采用黑体字，图板设置离地高度 1.5m		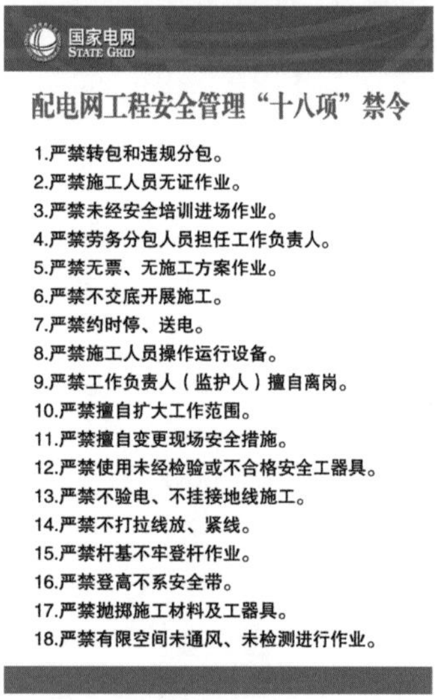 国家电网 STATE GRID 配电网工程安全管理“十八项”禁令 1.严禁转包和违规分包。 2.严禁施工人员无证作业。 3.严禁未经安全培训进场作业。 4.严禁劳务分包人员担任工作负责人。 5.严禁无票、无施工方案作业。 6.严禁不交底开展施工。 7.严禁约时停、送电。 8.严禁施工人员操作运行设备。 9.严禁工作负责人（监护人）擅自离岗。 10.严禁擅自扩大工作范围。 11.严禁擅自变更现场安全措施。 12.严禁使用未经检验或不合格安全工器具。 13.严禁不验电、不挂接地线施工。 14.严禁不打拉线放、紧线。 15.严禁杆基不牢登杆作业。 16.严禁登高不系安全带。 17.严禁抛掷施工材料及工器具。 18.严禁有限空间未通风、未检测进行作业。
12	生产现场作业“十不干”	1200 × 800	块	1	内容采用黑体字，图牌设置离地高度 1.5m		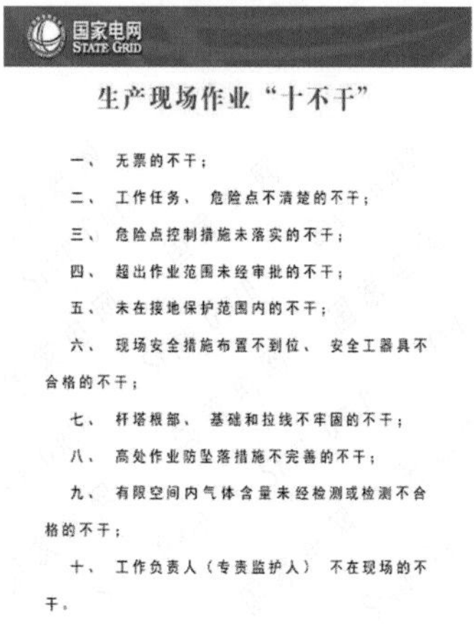 国家电网 STATE GRID 生产现场作业“十不干” 一、无票的不干； 二、工作任务、危险点不清楚的不干； 三、危险点控制措施未落实的不干； 四、超出作业范围未经审批的不干； 五、未在接地保护范围内的不干； 六、现场安全措施布置不到位、安全工器具不合格的不干； 七、杆塔根部、基础和拉线不牢固的不干； 八、高处作业防坠落措施不完善的不干； 九、有限空间内气体含量未经检测或检测不合格的不干； 十、工作负责人（专责监护人）不在现场的不干。